한국의 탐구

한국천문학사

韓國天文學史

나 일 성

서울대학교출판문화원

화보 1. 참성단. 고대로부터 제천 의식을 거행하던 곳으로 조선 시대에는 일식, 월식, 혜성 등을 관측한 곳이다(인천광역시 강화읍).

화보 2. 세계에서 가장 오래 된 천문대인 신라첨성대(경북 경주시)

화보 3. 고려 시대(918~1391)에 사용된 천문대인 고려첨성대(황해도 개성시)

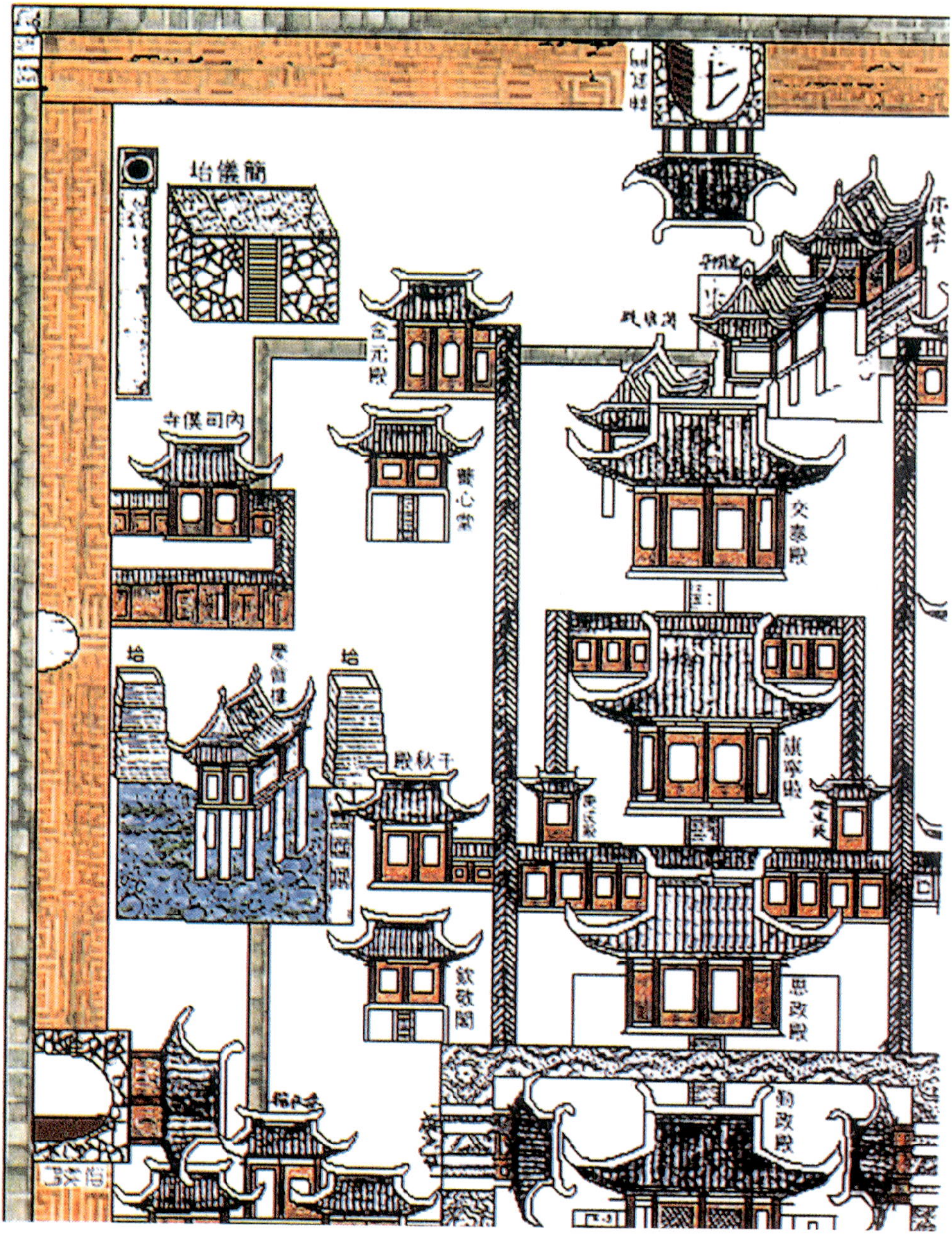

화보 4. 간의대가 있는 경회루 주변의 궁궐도

화보 5. 가장 오래 된 견우와 직녀 그림(평남 남포시 덕흥리 무덤)

화보 6. 덕화리 2호 무덤 북쪽 벽에 있는 북두칠성의 장엄한 모습

화보 7. 복원한 천상열차분야지도 석판의 앞뒤 면(경북 예천군 나일성천문관)

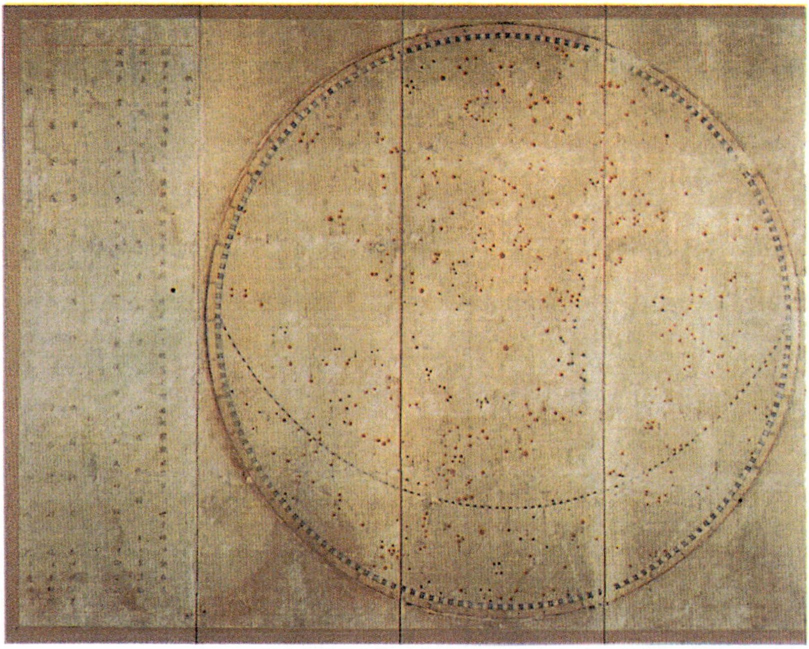

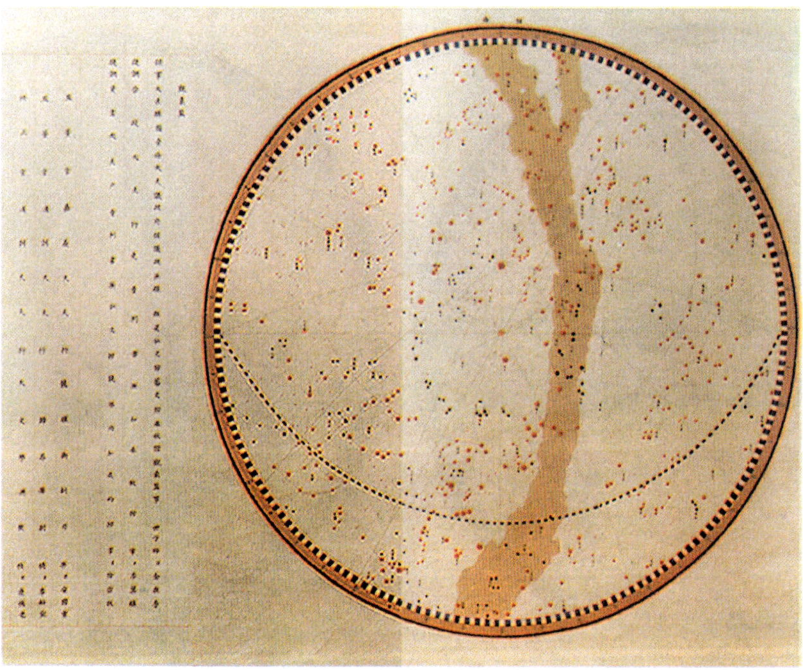

화보 8. 보물 제848호 병풍천문도. 위는 법주사에 보존되어 있는 원본인데 파손된 부분이 많다. 아래는 최근에 복원한 것으로서 나일성천문관이 전시하고 있다.

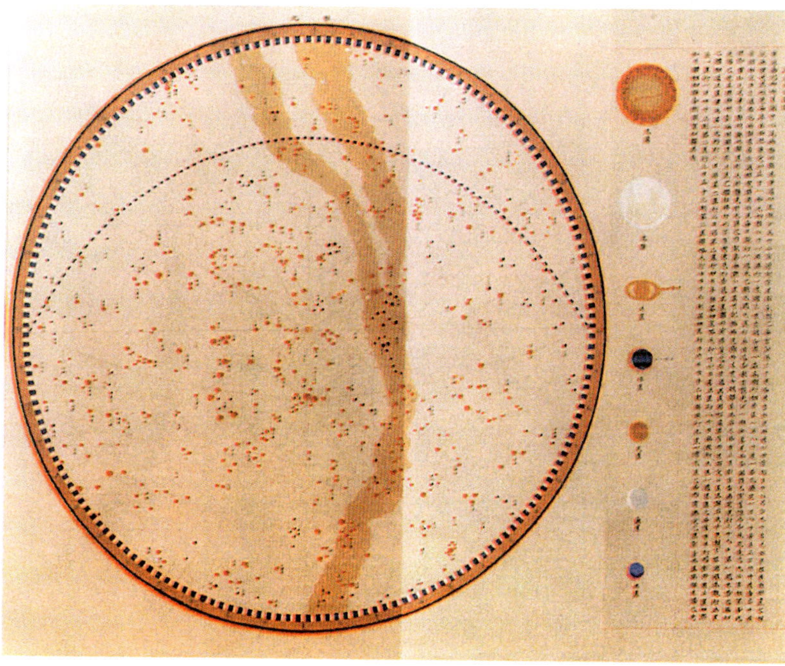

화보 8 계속

화보 9. 1/10로 축소 복원한 세종 시대의 규표(세종대왕유적관리소)

화보 10. 신라 시대의 하늘을 재현한 혼상(경북 경주시 신라역사과학관)

화보 11. 복원한 세종 시대의 간의(세종대왕유적관리소)

화보 12. 복원한 세종 시대의 일성정시의와 받침대(경북 예천군 나일성천문관)

화보 13. 국보 제229호 자격루(서울시 덕수궁)

화보 14. 조선 시대의 수표(서울시 청량리구 세종대왕기념사업회)

화보 15. 보물 제844호 측우대와 보물 제842호 측우기(서울시 덕수궁)

화보 16. 풍기대. 보물 제846호(창경궁 소재)와 보물 제847호(경복궁 소재)

지은이의 말

오랫동안 미루어 오던 일을 마쳤다고 생각하니 홀가분하다. 현대과학을 공부하는 나 같은 사람이 사(史)자가 붙은 책을 쓴다고 하는 일은 어려운 정도를 넘어 괴로운 일이라는 표현이 더 적절하기에 더욱 망설여지는 일이었지만, 이렇게 쓰게 된 것은 하나의 의무감 때문이었다.

한국의 고대과학의 우수성을 발견하고, 세종과 영조 두 대왕의 측우자료를 현대 기상학으로 처음 분석했을 뿐만 아니라 첨성대를 비롯한 고대 천문 관측 기록을 세상에 알린 일본인 기상학자 와다 유지(和田雄治)가 있었다. 또한 천상열차분야지도와 신라첨성대와 고려첨성대, 그리고 『한국천문학』이라는 글을 써서 서방 세계로 알린 칼 루훠스(Will Carl Rufus)도 있었다. 그런데 이들의 수고가 있은 지 80~90년의 세월이 흘렀어도 우리 손으로 정리된 '한국천문학사'가 지금까지 출판된 바가 없다고 하는 사실은 나만이 느껴 온 부끄럼이 아닐 것이다.

1940년대의 홍이섭(洪以燮) 선생의 『조선과학사』와 1960년대의 전상운(全相運) 선생의 『한국과학기술사』가 한국의 옛 과학에 허기진 사람들에게 발판이 되고 격려를 아울러 준 것은 지극히 다행한 일이었다. 그러나 이들의 노력조차 잠자고 있는 천문학계에게는 별 효험이 없었다. 이은성(李殷晟) 선생과 유경로(兪景老) 선생께서 늘 말씀하신 대로 자신들의 손으로 '한국천문학사'는 쓰여졌어야 했는데, 이 두 분이 뜻을 이루지 못하고 가신 것은 못내 아쉬운 일이다. 이제 누군가가 부족함을

무릅쓰고라도 용기를 내야 하는 절박한 형편이 되어 버린 것이다. 그런 연유로 내게 이 짐이 지워진 것이다. 훗날 두고두고 후회할 일을 알면서도 피해 갈 명분이 없었다.

써 놓고 보니 옛 과학자를 이 기회에 독립된 장으로 소개하지 못한 것은 아쉽다. 나와 같은 과학도가 이런 기회에 큰맘 먹고 서툴지만 하나의 독립된 장(章)으로 엮었다면 누구에겐가 자극이 될 만한 일일 것이라고 여기기 때문이다.

이 책을 쓰기까지 여러분의 도움을 받았다. 먼저 민영규(閔泳珪) 선생님을 생각하게 된다. 그분은 연세대학교 국학연구원이라는 무대를 나에게 열어 주셨다. 이 연구원에서 「17 · 18세기 조선의 역산가들」이라는 10회에 달한 학술 발표회를 매년 주관하도록 해 주신 것이다. 이 학술회를 준비하면서 나도 모르는 사이에 한국천문학사 연구에 몰입하게 된 것이다. 전상운 선생께는 또 다른 의미로 빚을 많이 지고 있다. 멀게는 스승으로, 가깝게는 친구처럼 느끼며 옛 천문학의 흔적을 더듬는 나를 이끌어 주신다. 그의 『한국과학기술사』 1984년 중판은 내 곁을 지금도 맴돌고 있다.

그 밖에도 자료의 제공에서부터 과학사에 관한 대화를 통해서 내가 미치지 못한 것들을 채워 준 이들이 있다. 송상용, 박성래, 남문현, 이용삼 등 몇 분의 동학들이다. 본래 역사학이라는 학문의 문턱도 밟아 본 일이 없는 터라 이들과의 교류가 없었더라면, 지금 수준의 용어조차 제대로 구사하지 못했을 것이다. 남문현과 이용삼 두 교수의 사진 자료는 이 책을 써 나가는 데 절대적인 역할을 했다. 그들이 만든 우수한 유물 사진이 없었다면 어떻게 되었을까 다시 생각하게 된다.

신라역사과학관의 석우일 관장과 한국과학사물연구소의 윤명진 소장은 나의 과학 문화재 복원이 가능하도록 물심 양면으로 도와 온 또 다른 고마운 분들이다.

〈한국의 탐구〉라는 총서를 구상한 서울대학교 출판부가 나에게 이 책을 쓸 기회를 준 것에 진심으로 감사드린다.

2000년 10월

예천에서 나일성

차 례

제3장 천문도

제 4 장 세종의 천문 의기와 그 후

제 5 장 측우기의 발명과 기상학

제 6 장 역법의 변천과 각종 역서

화보

제 1 장

이야기의 시작

참성단의 최근의 모습

1. 인간만이 미래를 소유하다

반복되는 자연 현상은 지구상의 모든 동 · 식물에 지대한 영향을 미친다. 해가 뜨고 지고, 달이 차고 기울고, 좀 길게 느낄지는 몰라도 계절이 바뀌는 따위의 현상이 끼치는 영향은 어떤 형태의 생명체에게나 차별이 없다. 들풀의 꽃잎도 낮에는 활짝 피지만 밤이 되면 닫는다. 동물들이 동면을 준비하는 일이나, 철새들이 무리지어 엄청난 거리를 이동하는 것들도 다 계절의 변화라는 반복되는 자연 현상이 그렇게 시키는 것이다.

이와 같이 반복되는 자연 현상에는 두 가지 종류가 있다. 한 가지는 같거나 비슷한 현상이 같은 장소에서 반복되기는하나 불규칙하게 일어나는 경우이다. 여기에는 주기성이 없는 지진이나 태풍 또는 날씨 같은 기상 현상을 비롯하여 인간을 포함한 동물들의 행동 등이 속한다. 가뭄이나 장마비도 물론 반복되는 현상임에는 틀림없지만, 정확히 언제 어느 범위의 지역에, 그리고 얼마나 오래도록 또 어느 정도 심한지에 대해서는 짐작만 할 뿐 예측은 불가능하다. 이상한 습성을 가진 사람의 행태를 지켜보면 반복되는 행태를 보게 되지만 예측은 어렵다. 이런 등등의 여러 가지 반복되는 현상은 가장 일어날 가능성이 높은 상태를 통계적으로 조사하는 수밖에 없다.

다른 하나는 일정한 주기를 가지고 일어나는 현상으로서 전자의 경우보다 이해하기 쉽다. 가장 알기 쉬운 자연 현상은 해가 뜨고 지고 다시 뜨는 현상, 달이 차고 기울다가 다시 차는 현상, 그리고 4계절이 차례로 반복하는 변화 등등이다. 말하자면, 한 번 일어난 다음에는 일정한 수순을 밟아 정확한 간격을 두고 다시 반복을 재연한다는 것이다. 그러니까 예측이 가능한 현상이다.

예측한다는 것. 이것은 경험하지 않은 미래에 속한다. 그런데 미래를 설정(인식)한다고 하는 일은 과거의 체험을 체계화할 수 있을 때 비로소 가능하다. 때문에 지구상의 모든 생물에게 가능한 일은 아니다. 과거의 경험을 정량화할 수 있는 능력이 있는 인간에게만 가능하다. 그런데 경험한 사실을 정량화한다고 하는 것은 무엇인가? 첫째는 자연 현상에 대한 이해이고, 둘째는 시간의 단위를 사용하는 일이다.

첫째로 자연 현상을 이해한다고 하는 것은 그것이 아무리 단순한 현상이라 하더라도 인간 외의 다른 동물에게는 불가능한 일이다. 비교적 지능이 높다고 하는 강아지나 원숭이라 하더라도 해가 뜨고 진 다음 날 아침에 다시 뜨는 현상과 같은 지극히 단순한 것조차 이해할 것이라고는 생각할 수 없다.

둘째는 시(時)에 대한 것이다. 이것은 오관으로는 감지할 수 없는 것이므로 정의하기 쉽지 않는 개념이다. 그럼에도 불구하고 기러기는 가을 하늘을 어김없이 북쪽을 향해 날아가고, 많은 동물들과 식물들이 추운 겨울을 준비하는 모습을 주변에서 찾아보기는 어렵지 않다. 본능적인 행위에 불과하지만, 무절제하게 생활하는 부류의 사람들보다 시의 흐름에 대처하는 행동은 감동적으로 보이는 경우도 있다. 그러나 그들의 행위는 계절의 변화에 반사적으로 대응하는 행위일 뿐 진정한 의미의 시에 대한 개념이 있다는 것은 아니다. 시의 흐름은 연속적인 것이므로 어디에서 시작해서 어디까지라고 구별할 수 없는 것이다. 흐르는 강물에 금을 긋거나 표시할 수 없듯이 시의 흐름을 재는 일은 어려운 일이다. 이 어려움을 해결한 것은 인간이다. 그들은 인간이 성취한 가장 위대한 업적이라고 할 수 있는 **시간의 단위**를 발견했기 때문이다. 그리고 그들이 발견한 가장 간단한 시간의 단위로는 하루, 한 달, 일 년의 세 가지 단위를 들 수 있을 것이다.

미래의 소유자. 시간[時]은 시간의 단위를 사용할 때에만 정량화할 수 있다. 그리고 이렇게 정량화된 시간의 단위를 소유하는 자만이 자기가 경험한 과거와 현재와의 연결선상에 **미래**라는 시간을 인식한다. 말하자면, 어제 아침 동쪽 지평선에서 떠올랐던 해가 오늘 아침에 동쪽 지평선 위로 다시 떠올라 온 기간을 **하루**라는 단위로 인식한다면, 어두워진 다음 다시 동쪽 지평선 위로 해가 떠오를 것을 예측하게 되고 **내일**이라는 미래를 설정할 능력을 발휘하게 된다는 것이다. 달이 차고 기우는 기간과 봄 · 여름 · 가을 · 겨울 네 계절의 순환을 각각 **한 달**과 **일 년**이라는 단위로 묶을 수 있을 때 **내달**과 **내년**이라는 미래를 소유하게 된다.

인간은 며칠 후, 몇 달 후, 몇 년 후라는 미래의 시간을 계속적으로 연장해 가면서 미래라는 시간대를 넓혀 왔다. 개인과 가족의 장래뿐만 아니라 그들이 속한 집단, 더 나아가서는 사회의 미래도 설계하며, 이로 인해서 발생하는 문제를 해결하는 능력까지도 길렀다. 인간이 만물의 영장이 될 수 있었던 것은 이 시간의 단위의 발견과 이로 인한 미래를 소유하게 된 것이 결정적 요인이라고 보여진다. 언어의 구사, 연장을 다루는 능력, 문자의 발견 등등도 다른 동물과 다르게 발전해 오게 된 원인이기는 하나 몇백만 년 전으로 거슬러 올라가 보면 인간의 이런 능력과 다른 동물의 그것과 어떤 차이가 있었겠는가.

시간의 단위를 정확하게 정하고, 그 값을 규칙적으로 사회에 제공하는 일은 천문학의 몫이다. 고대에는 1년의 날수가 365이면 족했다. 그러나 역사 기록이 활발하게 되면서 1년의 날수는 365에 1/4이 추가되었다. 즉 365.25인 셈이다. 이 날수는 13세기가 되면 365.2425일로 개정된다. 중국 원나라의 천문학자 곽수경(郭守敬)의 측정값이다. 이 값은 그 후 조선의 세종대왕 시대(15세기)에 다시 측정되어 『칠정산외편』에 천문상수로 채택되었다. 그리고 이 값은 천문학자들의 계속적인 노력으로 지금은 365.242191로 더욱더 정밀해졌다. 이 역사적 과정이 바로 천문학의 역사인 셈이다.

2. 하늘에 제사하는 행위는 곧 천문의 시작

하늘을 숭상하는 일이란 지구상 어느 지역이었느냐에 관계없이 모든 고대인에게 다 있어 온 일이다. 하늘은 곧 해와 달과 별의 세계이다. 한반도에 뿌리를 내리고 살아온 배달이라는 민족만이 하늘을 숭배하는 일에 유별난 것으로는 보지 않는다. 고대인들에게는 누구에게나 대자연은 숭배의 대상이었기 때문이다. 그럼에도 불구하고 한반도에 살았던 고대인이 남긴 흔적들에는 좀 색다른 것이 있다.

2-1. 바위에 남긴 별들

한반도의 남부 지역에는 큰 바위에 청동기 시대의 고대인들이 만든 여러 가지 모양의 그림이 남아 있다. 이런 그림을 **암각화** 또는 **바위그림**이라고 한다. 이런 그림은 세계 다른 지역에도 많이 남아 있는 것으로 알려져 있지만, 모두 선사 시대 사람들이 그려 낸 동물, 사람, 이상한 방패 문양들이 특징이다. 그런데 한반도 남부 지역에는 별을 새긴 것처럼 보이는 바위가 여러 곳에서 발견되고 있다. 그 대표적인 것이 두 개의 동심원이 여러 가지 그림 속에 섞여서 암각된 울산광역시 언양면 천전리 바위를 비롯하여, 크기가 각기 다른 둥근 점과 동심원으로만 가득 차 있는 도항리 도동 길목마을에 있는 큰 바위이다. 이 바위의 점들과 동심원은 고대인들이 본 별들이 아닐까 하는 추측을 하게 한다.

한반도 남부에 살았던 선사 시대 사람들이 지구의 다른 지역과는 달리 일찍부터 별을 인식했던 것으로 추측되는 구체적인 증거물들은 경남 영일만 근처에 가 보면 더 있다. 속칭 '오줌바우 암각화'라고 불리는 것들이 그것이다. 여기에는 우리의 시선을 끄는 복잡하게 새겨 놓은 그림이 많이 있다. 새겨 있는 구멍의 수가 많고 그 크기와 배치가 다양하기 때문에 손쉽게 어느 별자리와 비슷하다고 연관짓기는 어렵지만, 만일 이것들이 인위적인 것이라고 가정한다면 별을 옮기려던 고대인의 하늘임에 틀림 없을 것이다.

한반도에 남아 있는 암각화의 별들에 관하여는 뒤에 따로 상세히 소개할 것이지만, 여기서 생각해 보려고 하는 것은 그들의 행위가 과연 무엇을 뜻하는 것일까 하는 점일 것이다. 암각화의 전문가인 정동찬 박사는 '구체적인 고대인의 기록'이라고 표현하고 있듯이, 그 그림 속에 새겨 있는 별들은 틀림없이 그들의 신앙의 대상이었을 것이다.

2-2. 강화도 마니산 참성단(塹星壇)

강화도 마니산정에 곱게 단장하고 서 있는 참성단은 고대로부터 지금까지 복합적인 여러 가지 행사에 사용되어 오고 있지만 한반도에 자리를 처음 잡았던 고대인들이 어떤 형태였든 간에 하늘과 관련 있는 일을 했을 것이다.

참성단은 해발 465m인 마니산 봉우리 위에 있으며, 그 지리학적 위치는 동경 126°26′ 북위 37°37′ 이다. 상단부는 한쪽 길이가 6.5m인 정방형이며 돌을 쌓아 만들었다. 참성단을 소개한 옛 기록으로는 『세종실록』에 다음과 같은 것이 있다.[1)]

> (강화도) 마니산은 부의 남쪽에 있다. 그 산정에 참성단(塹星壇)이 있는데 돌을 포개서 쌓았다. 단의 높이는 10척이요, 위는 사방이고 아래는 원형이다. 단 위의 네 면은 각각 6척6촌이고, 밑부분은 너비가 각각 15척이다. 세상에 전해지기를 조선 단군이 하늘에 제사 지낸 석단이라고 한다.

---

1) 『세종실록』 148권, 지리지 20ㄱ. 이 외에도 『江都誌』 등에 비슷한 기록이 많다.

참성단(塹星壇)은 참성단(塹城壇)이라고도 불린다. 후자의 경우는 星 대신에 城이어서 전연 다른 뜻으로 생각하기 쉬우나, 하늘에 제사 지내는 단〔祭天星壇〕의 역할과 적의 공격을 막는 성(城)의 역할을 겸해서 한 것이었으므로 글자의 다름이 크게 문제 될 일은 아니다.

하늘에 제사 지내는 의식은 고대 사회에서는 가장 중요하게 행한 의식의 하나인 동시에 천문 활동의 큰 활동 중 하나이기도 했다. 오늘날의 시각으로 보면 비과학적인 행위로 볼지 모르나 실은 제천의 의식은 분명히 그 시대의 과학인 것이다. 그래서 조선 시대에 참성단을 관리하는 일은 지방 관청이 아니라 중앙의 서운관이 맡아 오고 있었다. 이를 뒷받침할 사건이 『書雲觀志』 3권 古事 9에 다음과 같이 기록되어 있다.

그림 1-1. 강화도 마니산에 있는 참성단의 1930년대의 모습. 사진은 원한경(H. H. Underwood)이 찍음.

> 강화 마니산이 진동하고 울렸다. 이로 인해서 참성단의 동쪽 봉우리의 돌이 무너졌다. 주서 장후(張厚)와 서운관정(書雲觀正) 박념(朴恬)에게 가서 자세히 살펴보라고 명했다.
>
> 江華摩尼山震鳴 而塹城壇東峯石墜落. 命注書張厚 書雲觀正 朴恬 等進去審視(東閣雜記).

참성단을 실제로 보수한 기록은 그 이전에도 있었고, 또 후에도 여러 번 있었다. 그런데 재미있는 사실은 서운관이나 후대의 관상감의 관원들이 참여하고 있다는 것이다. 천문 활동이 행해진 곳이 아니고는 설명할 수 없는 대목이다. 실로 배달 민족의 천문 활동이 시작된 곳은 마니산의 참성단인 것이다. 이를 확실하게 증명해 주는 기록이 『書雲觀志』 2권 측후 10에 다음과 같이 있다.

> 만약 (혜성이) 하늘가로 옮겨서 관측하기 어려울 때는 경험이 있는 관측자 2명을 뽑아서 목멱(木覓)이나 마니(摩尼)에 오르게 하여 그 (혜성의) 흔적을 찾아보게 한다. 지금은 하지 않는다.
>
> 若移入天際不得候察 則啓差監官有術業者二員 登木覓或摩尼 以驗體跡今廢.

여기의 목멱(木覓)은 서울의 남산을 가리키는 옛 이름이고, 마니(摩尼)는 강화도의 마니산이다.

3. 기자(箕子)는 별의 아들이었던가

천문과 관계 있는 낙랑 시대의 유물 두 점이 전해 오고 있다(제3장을 참조). 그러나 그 후 삼국 시대가 시작되기까지는 기록은 물론 이렇다 할 유물조차 보존된 것이 없는데, 다행히 기자(箕子)에 관한 전설이 이

기간의 공백을 메워 주기에 우리들의 주목을 끈다. 기자를 별과 연관지어 생각한 사람은 연희전문학교에서 천문학을 가르친 바 있는 미국 선교사 천문학자 W. C. 루훠스이다. 그는 그의 생각을 가장 먼저 영문으로 서방 세계에 알렸는데, 그가 쓴 글의 일부는 다음과 같다.[2)]

> 기자가 배를 타고 대동강을 거슬러 올라오는 데 길잡이 역할을 한 별자리가 있었다. 이 별자리는 28수(宿) 중 7번째 수인 기(箕)이고, 스스로를 '기'의 아들 '箕子'라고 불렀을 것이다.

위에 소개한 루훠스의 기사는 너무 간결하여 동양의 별자리에 관한 지식이 없으면 이해하기 어렵다. 그러므로 잠시 옛 별자리에 관하여 먼저 살펴보자.

하늘의 별들을 표시하는 방법은 옛부터 개발되었었는데, 서양과 동아시아의 방법이 서로 다르다. 천문학에 관계된 글에 '동아시아'라 함은 주로 중국과 한국에 국한된다. 다른 주변 국가는 고대천문학 발전에는 별로 이바지한 바가 없었기 때문이다. 따라서 별자리와 별들의 옛 이름을 논할 때는 중국과 한국의 경우만을 다루어도 무방하므로 여기서는 동아시아 대신 중국과 한국이라고만 부르기로 한다.

중국과 한국에서 하늘의 별들을 표시하기 시작한 것은 언제부터였을까? 그 기원을 찾는 일은 쉽지 않다. 왜냐하면 별자리 이름이 어느 한 시대에 완성된 것이 아니라 오랜 세월을 거쳐 여러 지역에서 조금씩 지어져 왔을 것이기 때문이다. 지금의 서양 별자리와 별들의 이름도 알고

---

2) "The Celestial Planisphere of King Yi Tai-jo", *Transactions of the Korea Branch, Royal Asiatic Society*, Vol. IV, Part III, 1913, p. 24. Rufus는 다시 또 그의 저서인 다음 논문에도 비슷한 내용을 적고 있다: "Korean Astronomy", *Transactions of the Korea Branch, Royal Asiatic Society*, Vol. XXVI, 1936, p. 8.

보면 이집트에서 시작하여 바빌로니아 등지의 이름들이 희랍에 와서 총 정리된 것이지 우리가 상식으로 알고 있는 희랍만의 것은 아니다. 그와 마찬가지로 중국의 별자리와 별들의 이름도 한자(漢字)로 표기해 왔기

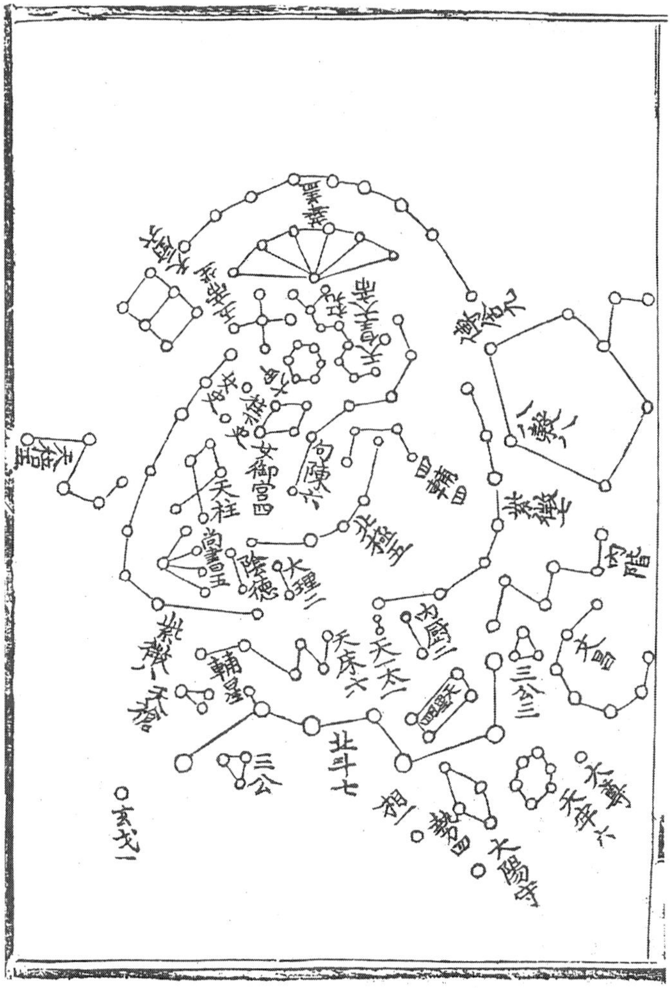

그림 1-2. 중원인 자미원도(紫微垣圖)〔보천가(步天歌)에서 옮김〕

때문에 한족(漢族)이 전부 만든 것으로 알기 쉬우나, 실은 그렇지 않을 것이다. 후대에 와서는 고구려의 역할도 분명히 있었을 것이다(이 점에 대해서는 제3장에서 다룬다.).

하늘의 별들의 위치를 종이나 돌에 기록하여 알기 쉽게 표시하는 방법으로 극동의 문명권의 사람들은 먼저 하늘을 크게 둘로 나눴다. 첫째는 3개의 울타리로 된 구역인데, 이것을 삼원(三垣)이라고 한다. 다음은 삼원을 제외한 나머지 하늘이다. 이 나머지 하늘은 주로 황도와 적도 주변이며, 이십팔수(二十八宿)가 차지하는 곳이다. 이 삼원과 이십팔수 속에는 어떤 것은 1개 또는 2개의 별로 하나의 별자리를 만든 간단한 것이 있지만, 그 외의 것은 여러 개의 별을 묶어서 하나의 별자리를 만들었다. 이런 별자리를 좌(座) 또는 관(官)이라고 부른다.

삼원(三垣): 이 구역은 하늘의 북극 주변에 해당한다. 삼원이라는 것은 태미원(太微垣), 자미원(紫微垣), 천시원(天市垣)을 합해서 부르는 이름이다. 먼저, 태미원은 상원(上元)이라고 하여 제일 높은 자리이다. 이 원 안에는 동서에 울타리가 있고, 그 사이에 출입할 수 있는 단문(端門)이 있다. 단문을 들어서면 병풍을 앞에 가리고 오제(五帝)가 자리하고 있다. 바로 뒤에는 태자, 그 양옆에는 행신(幸臣)과 종관(從官)이 대기하고 있다.

다음, 자미원은 중원(中元)이다. 북극(北極), 후궁(後宮), 서자(庶子), 제(帝), 태자(太子)를 가운데 모시고 여러 고관 대작들이 배치되어 있다. 북두칠성이 이 원에 속한다. 세 번째인 천시원은 하원(下元)이라고 하며, 동서로 큰 울타리 안에 있는 제좌(帝座)를 중심으로 하급 관리가 있다. 칠공주는 울타리 밖에 있어서 격리된 모습이다.

삼원 안에는 각기 독립된 여러 개의 별자리가 있다. 이런 별자리는 서양의 별자리보다 작으며, 따라서 별자리 수는 많다. 삼원에 속한 별의 수와 별자리의 수는 각각 329성(星)과 78좌(座)인데, 각 원별로는 태미원에 78성(星)과 20좌(座), 자미원에 164성과 39좌, 그리고 천시원에 87성과 19좌이다.

이십팔수(二十八宿): 이십팔수는 삼원을 제외한 나머지 하늘에 속한 별들이다. 모두 28개로 구획되어 있기 때문에 28수(二十八宿)라고 한다. 이 수들은 하늘의 적도와 황도를 기준하여 남북으로 길게 자리하고 있으며, 하늘에 펴져 있다. 28개의 수는 7개씩 등분하여 동 · 북 · 서 · 남의 네 방향에 배치하여 각각 동방칠사(東方七舍), 북방칠사(北方七舍), 서방칠사(西方七舍), 남방칠사(南方七舍)라고 한다. 그리고 네 방향에 사신(四神), 즉 청용은 동을, 현무는 북을, 백호는 서를, 주작은 남을 각각 상징한다. 네 개의 칠사에 속한 7개의 수의 이름은 다음과 같다. 밑에 적은 것은 각 칠사에 속한 별과 별자리 갯수이다.

동방칠사(청용): 각(角) 항(亢) 저(氐) 방(房) 심(心) 미(尾) 기(箕)
186성, 47좌

북방칠사(현무): 두(斗) 우(牛) 여(女) 허(虛) 위(危) 실(室) 벽(壁)
407성, 66좌

그림 1-3. 루훠스의 부인(Maude Rufus)이 상상하여 그린 청용. 기(箕)는 오른쪽 용의 꼬리에 있는 4개의 별이다(W. C. Rufus, *Korean Astronomy*, p. 40에서 옮김).

서방칠사(백호): 규(奎) 루(婁) 위(胃) 묘(昴) 필(畢) 자(觜) 삼(參)
298성, 54좌

남방칠사(주작): 정(井) 귀(鬼) 유(柳) 성(星) 장(張) 익(翼) 진(軫)
241성, 43좌

각 수가 차지하는 하늘의 동서와 남북의 크기는 서로 다르다.

이제 기자의 이야기로 되돌아오자. 기자는 왜 다른 별자리가 아닌 기(箕)를 택한 것이었을까. 기는 동방칠사의 마지막 수이다. 기는 현대 천문학 용어로 궁수자리에 해당하는데, 궁수자리에는 비교적 밝은 4개의 별(2등성 1개와 3등성 3개)로 구성되어 있다. 대동강을 거슬러 올라오던 기자가 늦은 봄 새벽 동이 트기 전인 깊은 밤에 이 '기'를 남쪽 지평선에서 보았을 것이다. 기자는 그가 중원에서부터 데리고 온 수천 명의 추종자들을 앞으로 어떻게 이끌어 갈 것인가를 골똘히 생각하다가 이 별자리에서 깊은 영감을 얻은 것인지도 모른다. 그래서 그는 자기가 '기(箕)'의 아들인 '기자(箕子)'라고 자칭했을 것이다.

제 2 장

천문대와 천문 기관

세계에서 가장 오래 된 천문대인 신라첨성대(서기 633년, 국보 제31호)

1. 삼국 시대의 첨성대

한국의 역사 기록에 '첨성대(瞻星臺)'라는 명칭이 붙은 천문대는 적어도 세 개나 된다. 첨성대는 오늘날의 천문대(天文臺)와 같은 것이다. 첫 번째 첨성대는 고구려의 평양부에 있었던 것이고, 둘째는 유명한 신라첨성대이다. 마지막 셋째는 개성에 있는 고려첨성대이다. 위의 세 첨성대 중에서 신라첨성대와 고려첨성대는 자세히 소개하기 위해 다음 두 절에서 따로 다루기로 하고, 여기에는 고구려의 첨성대에 대한 소개와 함께 백제에도 첨성대가 있었을 가능성에 대하여 알아 보려고 한다.

1-1. 고구려첨성대

고구려는 수많은 고분 속에 아름다운 벽화들을 화려하게 남기고 있다. 그 속에는 당시 고구려인들에게 친숙했던 별들이 수없이 많이 그려져 있다. 해와 달을 비롯하여 동 · 북 · 서 · 남의 네 방향을 상징하는 동물인 청룡 · 현무 · 백호 · 주작은 예술적으로도 일품이다. 이 동물 그림을 사신도(四神圖)라고 한다. 이 외에도 다음 제3장에서 다룰 돌에 새긴 유명한 천문도도 있었다. 따라서 이와 같이 훌륭한 천문학적 유물을 남긴 고구려에 천문대가 있었다고 하는 사실은 너무도 당연한 일이다.

고구려의 천문대는 평양부에 있었는데,

> 성안에 9개의 묘(廟)와 9개의 못〔池〕이 있으니, 9묘는 곧 9개의 별이 날아 들어온 곳이며, 그 연못 옆에 첨성대가 있다.

라는 기록이 『세종실록』[1]에 있지만, 애석하게도 허물어져서 없어지고

1) 『세종실록』 154: 142ㄱ.

말았다. 따라서 그것이 어디에 있었는지 지금으로서는 분명하지 않으나 다행히 그 위치를 알아 볼 수 있는 그림 한 장이 남아 있다. 그것은 현재 서울대학교 규장각에 소장되어 있는 18세기 중기에 제작한 지도인 『평양전도(平壤全圖)』이다. 이 지도에는 '첨성대(瞻星坮)'라는 글자가 선명하게 쓰여 있으나, 그 위치는 『세종실록』의 기록과 비교하는 데 쉽지 않다. 『평양전도』를 자세히 보면 내성(內城)과 외성(外城)이 있고, '첨성대(瞻星坮)'는 외성 안 남쪽에 위치하고 있다. 내성 안에 못이 3개(도영지, 계림지, 일영지)가 있고, 외성 안에 2개(소길지, 대길지), 그리고 외성 남동쪽 끝에 1개(月影池)가 있어서 모두 6개이다. 지도의 제작 연대가 1700년대 중기이므로 앞에 기록이 있었던 세종 때로부터 약 300년 후의 평양시의 모습인 셈이다. 300년의 세월이 흐르는 동안 3개의 못이 없어진 것이 되므로 '첨성대' 옆에 있었던 못은 이 없어진 3개 중의 하나가 될 것이라고 가정하면 『세종실록』의 기록과 잘 맞는다.

그런데 고구려첨성대에 관한 다음과 같은 기록이 1530년에 출판된 『신증동국여지승람(新增東國輿地勝覽)』에 또 있다. 이 기록은 『평양전도』보다 약 200년 전의 것인 동시에 내용도 빈약하여 그 유적지를 찾는데 도움은 되지 않는다. 다만 이 때 벌써 첨성대는 헐려 버리고 그 유지만이 남게 되었음이 분명해진다.

> 첨성대: 유지(遺址)가 부 남쪽 3리에 있다.[2)]

그렇다면 상기한 『평양전도』의 그림이 이상하게 된다. 시대순으로 가장 늦게 제작된 지도에 첨성대가 표기되어 있다고 하는 것은 어쩌면 이 지도의 제작이 1700년대가 아니라 그보다 훨씬 이른 1530년 이전일 가

---

2) 『新增東國輿地勝覽』 권51.

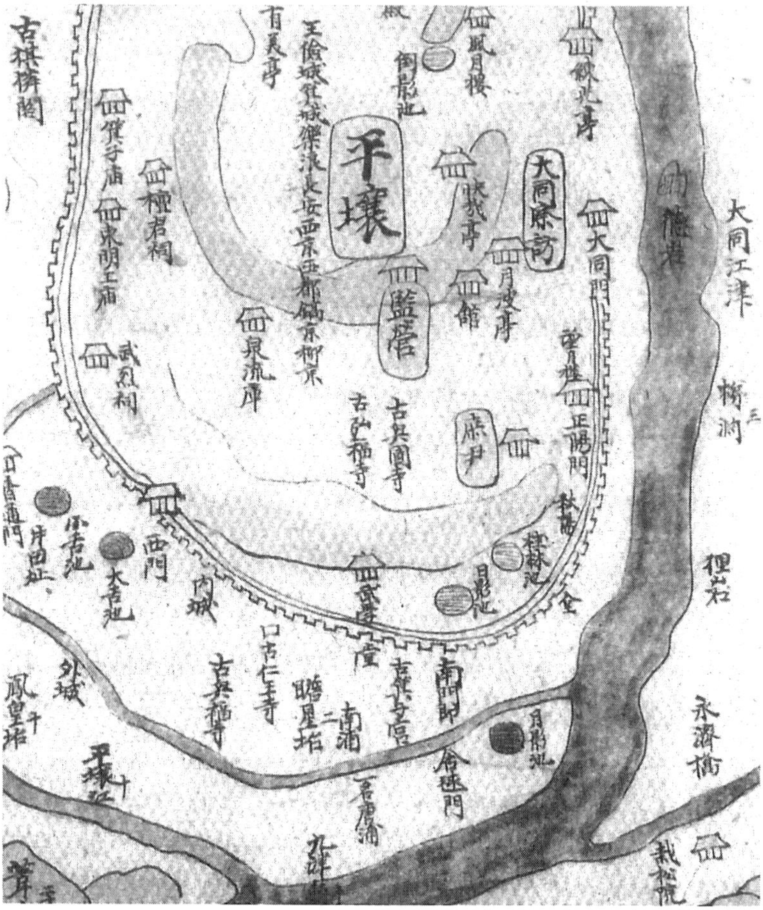

그림 2-1. 고구려첨성대가 瞻星坮로 표기되어 있는 『평양전도』의 일부(李燦, 『韓國의 古地圖』에서 옮김)

능성이 있다.

1-2. 백제첨성대

일본에 천문학과 역법을 전수한 바 있는 백제에도 첨성대가 있었을 것임에는 틀림없으나, 그 유물은 고사하고 불행하게도 기록조차 없다. 그러나 다음과 같은 두 기록이 있는 점으로 미루어 첨성대라는 이름을 쓰지 않았을 뿐 어떤 형태로든지 천문을 관측하기 위한 천문대는 있었을 것으로 보인다.

> 백제 고이왕(古尒王) 10년(243) 봄 정월에 '設大壇 祀天地山川'(『삼국사기』).

> 백제 동성왕(東城王) 11년(489) 겨울 10월에 '王設壇 祭天地'(『삼국사기』).

위의 두 기록 중 '기천(祀天)'과 '제천(祭天)'이라는 말은 둘 다 하늘에 제사한다는 뜻이지만, 고대 사회에서는 천문 관측과 같은 행위라고 앞에서 이미 언급한 바 있다. 따라서 단(壇)을 설치했다는 말은 천문대를 설치했다는 말도 된다.

표 2-1의 일식과 혜성 관측 기록을 보면 신라나 고구려보다 백제에 그 수가 훨씬 더 많다. 백제가 패망할 때까지의 600여 년 간 일식은 26번, 그리고 혜성은 14번이나 관측되었다. 그러므로 고이왕 10년에 지은 '큰 단'과 동성왕 11년에 세운 '단'은 모두 이런 천문 활동을 가능케 한 천문대였을 것으로 보인다.

고이왕 때 서울은 하남 위례성이었고, 동성왕 때 서울은 웅진성(지금의 공주시)이었으므로, 이 두 지역을 표시한 오래 된 지도가 발견되면 고구려의 경우와 마찬가지로 첨성대의 존재 여부를 조사하는 데 도움이 될 것이다.

2. 경주의 신라첨성대

2-1. 신라첨성대에 관한 옛 문헌

경주에 있는 신라첨성대에 관한 기록은 옛 문헌 여러 곳에 남아 있다. 그 문헌의 종류에 따라 세 가지로 분류하여 간단히 소개해 보자.

첫째는 고문서에 있는 것으로 다음과 같은 8개이다.

(1) 『삼국유사』: 선덕여왕 때(632~647) 건립

(2) 『고려사』

(3) 『세종실록』 지리지 150: 5ㄱ

> 첨성대(瞻星臺). 부성(府城)의 남쪽 모퉁이에 있다. 당나라 태종(太宗) 정관(貞觀) 7년 계사(癸巳: 서기 633년에 해당한다)에 신라 선덕여왕(善德女王)이 쌓은 것이다. 돌을 쌓아 만들었는데, 위는 방형(方形)이고 아래는 원형(圓形)으로, 높이가 19척5촌, 위의 둘레가 21척6촌, 아래의 둘레가 35척7촌이다. 그 가운데를 통하여 사람이 올라가게 되어 있다.

(4) 『신증동국여지승람(新增東國輿地勝覽)』 卷21 東覽24ㄴ

> 전대(前代)의 홍망이 세월을 지났는데, 석대(石臺) 천척(千尺)만 하늘에 솟았네. 어느 사람이 오늘날 천상(天象)을 살핀다면 한 점(點) 문성(文星) · 사성(使星)되었다 하리라.

(5) 『동경잡기(東京雜記)』 권1 고적(古蹟)

> 첨성대. (경주)부의 동남쪽으로 3리 떨어진 곳에 있다. 선덕여왕 때

> 돌을 깎아 대를 만들었는데, 위는 네모나고 아래는 둥글다. 높이가 19척이나 되어 사람들은 그 속을 아래 위로 드나들면서 천문을 관측했다.

(6) 『명사(明史)』 조선지(朝鮮志) 권상 22
(『동경잡기』와 거의 같음)

(7) 『증보문헌비고』 상위고 권2 의상1
(『동경잡기』와 거의 같음)

(8) 『증보문헌비고』 여지고 권37 궁실(宮室)
선덕왕 16년(647)에 첨성대를 만들었다(이하는 『동경잡기』와 거의 같음).

(9) 『경주 순창설씨 족보 세헌편과 경주 순창설씨 족보 이십년사 동사본전』

> 설총(薛聰)은 항상 백구정에서 놀았는데, 첨성대는 선덕왕이 지은 것이다. 이 대의 상층에 대 이름이 있는데, 크게 쓴 세 자는 공의 친필이다.

이 마지막 문헌에 있는 설총이 썼다는 세 글자는 물론 '첨성대'이다. 그런데 이 사실은 그 글씨가 남아 있지 않기 때문에 학계에는 지금까지 알려지지 않고 있었다.

둘째는 신라첨성대를 방문하고 옛날을 상상하면서 지은 다음의 시 3편이다. 이런 시는 그 시를 지은 명사들의 예술 작품으로서만이 아니라 신라첨성대의 면모를 알아 보는 데 있어서 귀중한 단서를 제시하고 있기 때문에 소중한 사료이다.

(1) 정몽주(鄭夢周)의 칠언고시(七言古詩)[3]
(2) 안축(安軸)[4]의 칠언고시(七言古詩)[5]

---

3) 『신증동국여지승람(新增東國輿地勝覽)』 卷21, 東覽 24ㄴ.

(3) 조위(曹偉)[6]의 칠언율시(七言律詩)[7]

위의 조위의 시에는 첨성대의 기능을 설명한 구절이 있다. 따라서 문학적 작품으로서만이 아니라 과학적 서술이기 때문에 여기에 그 일부를 옮겨 본다.

> 규(圭)를 세워 그늘을 재고 해와 달을 관찰한다. 대 위에 올라가 구름을 보며 별을 가지고 점을 친다.
> 立圭測影觀日月 登臺望雲占星辰.

세 번째 문헌은 근대 학자들의 연구 논문이다. 첨성대 연구에 있어서 제2차 세계대전 이전의 학자들의 연구 논문이라면 현대학자들의 연구 논문과는 구별하여 볼 필요가 있다고 본다. 이에 해당하는 것으로는 세 사람의 연구가 있는데, 그들의 노력으로 신라의 첨성대가 비로소 세계에 알려졌을 뿐만 아니라 오늘날 많은 사람들이 이 첨성대가 세계적 과학 유산임을 인식하게 된 계기가 된 것이다. 이들의 이름과 펴낸 논문 또는 책은 다음의 4편이다.

(1) 와다 유지(和田雄治)의 「경주 첨성대의 설」(日文)[8]
(2) 루훠스의 「경주 여행」(英文)[9]

---

4) 안축은 1287년(충열왕 13)에서 1348년(충목왕 4)까지 산 고려의 문신이다. 저서로 『謹齊集』이 있다.
5) 『신증동국여지승람(新增東國輿地勝覽)』 卷21, 東覽 24ㄴ.
6) 조위는 경상도 창녕 출신으로 자는 태허(太虛), 호는 매계(梅溪)이다. 성종 5년 갑오(1474)에 生員 · 進士에 登科하여 戶曹參判에 이르렀으나, 연산군 10년(1454)에 甲子士禍로 졸함?
7) 『신증동국여지승람(新增東國輿地勝覽)』 卷21, 東覽 24ㄴ.
8) 和田雄治, 『朝鮮古代觀測記錄調査報告』, 1918.

(3) 루훠스의 「신라의 천문대」(英文)[10]

(4) 홍이섭의 『조선과학사』[11]

위에 열거한 4편 중 루훠스가 쓴 (2)와 (3)은 그 내용이 거의 같지만, 그 글에 제시한 첨성대 사진이 서로 다른 측면에서 찍은 것이기 때문에 첨성대의 당시의 모습을 알아 보기에 대단히 큰 도움이 되고 있다. 한편 홍이섭의 『조선과학사』는 한국의 과학사를 개척한 불휴의 저작이기는 하나 첨성대에 관한 기사는 다른 3편의 내용과 비교해서 새로운 것이 없다. 단행본으로 과학사 전반을 다뤄야 했기 때문에 첨성대에 관한 부분은 지극히 간단하다.

위에 소개한 근대 학자의 연구 중에서 가장 돋보이는 것은 시기적으로 가장 먼저 첨성대를 찾아간 와다 유지가 쓴 논문인 (1)이다. 그가 처음 첨성대를 견학한 것은 1909년 4월로서 루훠스보다 8년을 앞선다. 그는 첨성대의 외관으로부터 내부와 꼭대기 부분까지의 모든 구조를 상세히 조사하였다. 그 결과 첨성대로 올라가는 계단과 정(井)자 모양의 꼭대기에 있었을 구조물을 상상하여 「첨성대 구조도략」이라는 이름의 그림을 제시하기도 했다.

2-2. 신라첨성대의 구조와 기능

구조: 신라첨성대는 크게 세 부분으로 되어 있다. 첫째는 기단이라고 부르는 부분인데 첨성대 전체를 받치고 있으나 그 밑부분은 흙 속에 묻혀 있다. 이 기단의 외부는 2단으로 깔아 놓은 12개의 판석으로 되어 있고, 전체 모양은 네모 반듯하다. 오랜 세월에도 돌과 돌 사이에 서로 갈라진 틈이 보이지 않는 점으로 보아 돌은 길이가 충분히 길뿐만 아니라

9) W. C. Rufus, *The Korea Magazine*, I, 1917, p. 496.

10) W. C. Rufus, *Popular Astronomy*, 24, 1917, p. 490.

11) 洪以燮, 『朝鮮科學史』(三省堂出版社: 東京都), 1944, pp. 105-109.

폭도 넓어서 안쪽으로 깊이 들어간 것 같다. 지금 경주에 가서 보면 밑에 깔린 아래 단의 돌은 거의 땅 속에 묻혀 있어서 윗부분만 약간 보이지만 루퀴스의 사진에는 좀더 노출되어 있다.

둘째 부분은 첨성대의 몸통에 해당한다. 기단에서 높이 약 8m까지 돌을 원통 모양으로 쌓아 올린 부분이다. 그 쌓은 모양이 너무 특이하다 하여 어떤 사람은 중국이나 중동 지역의 것을 본따서 만든 것이라고 말하지만 이와 꼭 닮은 축조물이 중국이나 다른 지역의 어디에 있는지 정확히 지적하지는 못하고 있다. 유리병 모양으로 밑부분이 굵고 위로 올라가면서 가늘어지는 이 독특한 모양은 신라인들의 창작이며 모방은 아니다. 기단 위에 있는 제1단의 둘레는 약 15.5m인 원인데, 위로 올라가면서 둘레는 조금씩 줄지만 돌의 두께는 거의 같다. 이렇게 돌을 제12단까지 쌓아 올린 다음 제13단에서 제15단 사이에는 네모난 구멍을 만들었다. 이 네모난 구멍(약 95cm × 95cm)은 그 방향이 정남이 아니라 약간 서쪽을 향하고 있다. 이 구멍은 관측자들이 첨성대 꼭대기에 올라가기 위한 출입문이다. 다시 9단을 더 쌓아 올린 다음 제25단과 26단에는 네 방향으로 밖을 향해 튀어 나온 돌이 있다. 이 두 단은 마지막 단인 제27단의 높이에 맞는 바닥돌을 얹어 놓기 위한 지지대(대들보)인 동시에 몸통의 돌들이 이완하지 않도록 하는 역할도 하기 위한 것이다. 몸통은 기단에서 위로 올라갈수록 제18단까지는 약간씩 가늘어지다가 제19단에 이르면 거의 같은 둘레를 지키면서 제27단까지 올라간다. 이 사이에 사용된 돌의 두께는 모두 거의 같으나 길이는 약간씩 서로 다르다. 각기 밖으로 노출된 부분은 그 단의 둘레와 같은 곡율로 둥글게 다듬어져 있다. 마지막 제27단의 둘레는 약 8.95m이며, 여기까지 쌓인 돌은 모두 365개에 이른다.

마지막으로, 몸통 위에는 정자(井字) 모양을 한 꼭대기 부분이 있다. 이것은 눕혀 놓은 긴 돌이 2단으로 겹쳐진 부분이다. 정자 모양이라고 하는 이유는 가장 위에 있는 돌 끝이 서로 물리면서 끝 부분이 약간 밖으로 뻗어 나와 있기 때문이다. 이 2단으로 눕힌 돌은 서로 벌어지지 않을 뿐만 아니라 밑에 있는 몸통의 돌들이 흩어지지 않도록 무겁게 누르는 역할도 함께 하고 있다. 따라서 이 장치야말로 이 신라첨성대가 1300여 년이라는 오랜 세월을 지내 오는 동안 지진으로 인한 지각 변동이 여러 번 있었을 것임에도 불구하고 이렇게 잘 견디어 올 수 있었던 것이다. 이 첨성대보다 약 700여 년이나 뒤늦게 만든 조선의 광화방관천대의 윗부분이 서로 갈라져 틈이 생긴 것[12)]과 견주어 보면 신라인의 건축술을 높이 평가하지 않을 수 없다.

첨성대의 내부도 재미있는 구조이다. 우선 제12~15단에 있는 출입구인 구멍으로 들어가 보면 제12단까지 그 밑은 흙으로 꽉 차 있다. 지금까지 이 흙을 파 본 사람은 없는 것 같다. 한편 제12단 위는 속이 비어 있는 원통 속과 같은데, 원통 내부로 뻗은 돌들의 넓이가 각기 달라서 안에서 보면 들쭉날쭉하다. 따라서 좀 조심스럽기는 하나 이 돌들을 하나씩 밟고 위로 올라갈 수 있도록 만든 것 같다. 제26단까지 올라가면 위의 공간을 반쯤 덮고 있는 판석(板石) 한 장이 동쪽에 걸쳐 있다. 이 판석의 두께는 제27단의 돌의 두께보다 약간 얇다. 따라서 이 판석은 제27단의 돌들과 함께 작업할 장소로 사용된 것 같다.

첨성대의 출입구에 대해서 두 가지 의문이 제기되고 있다. 그 첫째는 입구가 제12단에 있기 때문에 너무 높다는 점이고, 둘째는 방향이 정남에서 약간 서쪽을 향했다는 점이다.

첫 의문에 대한 해답은 간단하다. 관측자가 출입하는 데는 불편할지 모르지만, 낮에 일식을 비롯하여 날씨나 지변(地變)만을 관측하는 것이

---

12) 全相運 · 羅逸星, 「觀象監 觀天臺에 대하여」, 『東方學志』 제40집, 1983, pp. 251-267.

아니고 밤에는 별을 관측해야 한다. 그런데 밤에는 사나운 들짐승이 나타나는 경우가 있었기 때문에 안전을 위한 조치였다. 조선 후기에 한양의 경복궁 앞에 호랑이가 나타난 일이 있었으니 삼국 시대에는 더욱 빈번했을 것이다. 제12단에 출입구가 있다고 하는 것은 오르내리면서 1년의 달수를 마음에 새겨 두기 위함에서였다.

둘째 의문은 쉽게 풀리지 않는다. 출입구의 방향이 정남향이 아닌데 밑에 있는 기단이나 꼭대기에 있는 정자 모양의 돌의 방향과도 어긋난다. 건축하는 중에 우연히 그렇게 된 것이 아니라 어떤 의도가 숨어 있을 것이다. 그렇다면 그 숨어 있는 의도란 무엇일까? 첫째로 생각할 수 있는 것은 그 출입구의 방향에 천문에 관계 있는 관서가 있었을 가능성이 있다. 관측 당번이 관서 건물에서 출입하기 편하도록 입구를 만든 것이다. 또 다른 추측이 가능한데, 그것은 선덕여왕의 침소가 있는 방향일 가능성이 있다. 첨성대를 만든 선덕여왕은 밤에 관측자가 출입구에 켜 둔 등불을 보고 열심히 일하는지의 여부를 확인하기를 원했을 것이다. 등불을 켜 두는 이유는 관측자들이 출입할 때 조명으로 필요했을 뿐만 아니라 동물의 침입을 막는 데도 도움이 되는 것이다.

기능: 이미 소개한 바 있는 조위의 시와 다음에 열거하는 『삼국사기』의 세 기록을 참조하여 생각해 볼 뿐 천문대로서의 기능을 분명하게 설명한 기록은 없다. 훌륭한 첨성대를 지어 놓은 신라인이 첨성대의 기능과 업적을 체계 있게 기록하여 두지 못한 것은 그들의 잘못인가 아니면 『삼국사기』의 저자인 김부식의 착오였던가.

다음 『삼국사기』의 세 기록은 첨성대가 완성된 후 신라의 물시계(漏刻)와 이를 관장한 관원에 관한 것일 뿐 첨성대의 기능과 직접적인 관련이 있는 것은 물론 아니다:

> 성덕왕 17년(718) 봄 정월에 누각(물시계)을 만들기 시작했다.[13)]

누각전(漏刻典). 성덕왕 17년(718)에 박사 6인과 사(史) 1인을 두다.[14)]

경덕왕 8년(749) 봄 3월에 천문박사 1인, 누각박사 6인을 두다.[15)]

위와 같은 기록들이 직접적인 것은 아니라 하더라도 첨성대 아래서 물시계로 정확한 시각 측정을 하고 있는 동안 천문학자들은 첨성대 위에서 그들의 업무를 수행했었을 것임을 암시하는 내용이라고 할 만하다. 즉 조위가 서술한 대로 규표로 해의 그림자의 길이를 재서 1년의 길이를 정하기도 하고, 해와 달을 관찰하여 절기를 구별하는 일과 구름의 모양과 그 움직임을 보고 날씨를 살피고, 별을 관찰하여 국운(國運)을 점치는 일들이 짝을 맞춰 이루어지고 있었을 것이다. 그런 관측 활동이 바로 맨눈으로 하늘을 관찰할 수밖에 없었던 그 시대의 첨단 과학이었다.

2-3. 신라첨성대에서 이룩된 업적

중국이나 한국의 옛 기록은 오래 된 것일수록 언제, 누가, 어디서 관측한 것이라고 기록하고 있지 않다. 이것이 아라비아나 유럽의 경우와 다른 점이다. 그 이유는 아라비아와 유럽에서는 특출한 인물이 만든 개인의 업적인 데 반하여, 중국과 한국은 왕실(정부 조직)에 속한 관원들이 수행한 것이어서 그 왕조의 역사서에 수록되었기 때문이다. 이런 사례는 삼국 시대와 고려 시대에 더욱 심하다.

이와 같은 이유로 첨성대에서 어떤 활동이 있었는가를 구체적으로 밝힐 방법은 없다. 신라첨성대만이 아니라 그 후대의 것인 고려첨성대와

13) 『三國史記』 卷8, 新羅本紀 第8.
14) 『三國史記』 卷38, 雜表 第7, 職官上.
15) 『三國史記』 卷9, 新羅本紀 第9.

표 2-1. 『삼국사기』로 본 천문과 자연 현상의 통계. 여기에 제시한 숫자는 각 현상이 기록된 기사의 수를 3국별로 합산한 것이다. 첨성대의 역할을 분명하게 보이기 위하여 첨성대가 건립되기 전인 약 700년 간(-54~646)과 건립된 후인 약 300년 간(647~934)을 분리하여 합산하였다.

	현 상	-54~646년 사이			647~934년 사이		합계	참 고
		신라	고구려	백제	신라	고구려		
1	일식	19	11	26	10		66	
2	객성	1	2	1	3		7	혜성이나 신성을 뜻함.
3	혜성	12	7	14	17	1	51	
4	유성	5	4	4	26	1	40	대단히 밝은 별똥별만 기록한 것임.
5	月掩犯五緯	3		1	13		17	달이 5개의 행성인 수성 · 금성 · 화성 · 목성 · 토성 근처에 있는 경우
6	五緯掩犯	1	1		1		3	5개의 행성이 서로 접근해 있는 경우
7	五緯犯星	1	2	2	4		9	5개의 행성 중 어느 하나가 밝은 별 근처에 있는 경우
8	晝星見		1	2	3		6	가장 밝은 금성, 목성, 토성이 낮에 보이는 경우
9	日月變		2		1		3	해나 달의 표면에 이상한 색깔이나 모양이 생기는 경우
10	地變	18	19	15	42		94	지진을 비롯한 지각 현상을 뜻함.
	합계	60	49	65	120	2	296	

조선 관상감간의대에 경우도 사정은 꼭 같다. 조선의 경우는 해당 기관의 업무용 기록인 『성변측후등록』에 남기는 것으로서 족하다고 그들은 생각했었던 것이다.

신라의 첨성대가 이룩한 업적을 찾는 데는 간접적인 방법을 이용하면 가능해진다. 『삼국사기』에는 고구려 백제와 더불어 신라의 천문 관측기록이 풍부하게 수록되어 있기 때문이다. 표 2-1은 삼국의 건국에서 첨성대가 건립된 647년까지의 약 700년 간 관측한 9가지 천문 현상과 지변(地變)이라는 현상이 기록된 수를 나라별로 조사한 것이다. 삼국 중 가장 건국이 늦은 백제가 최다 기록(65개)을, 그 다음에 신라가 60개의 기록을, 고구려가 49개의 기록을 각각 남김으로써 삼국의 기록은 전부 합쳐서 174개이다. 그런데 첨성대가 건립된 647년 이후부터 통일신라가 멸망하기까지의 약 300년은 앞의 기간의 절반도 되지 않는 짧은 기간임에도 불구하고 신라본기에 기록된 수만 하더라도 120개나 된다. 신라의 기록만을 보면 첨성대 건립으로 인하여 4배 이상이나 더 많은 기록을 남긴 셈이다.

3. 개성의 고려첨성대

첨성대라는 이름으로 알려진 것으로서 마지막은 고려의 첨성대이다. 이 첨성대는 6 · 25 전쟁중에도 피해를 입지 않은 채 지금도 북한의 개성시 외곽 지대에 잘 보존되어 있다(그림 2-2 참조).

이 고려첨성대가 고려 시대의 천문대였다고 하는 사실이 처음 알려진 것은 1936년에 루훠스가 발표한 후부터였는데,[16] 최근 북한의 사회과학

16) W. Carl Rufus, "Korean Astronomy", *Transactions of the Korea Branch of the Royal Asiatic Society*, Vol. 26, 1936, p. 18, 그리고 Fig. 22.

그림 2-2. 개성에 남아 있는 고려첨성대(위)와 그 구조(아래)(『조선기술반전사』 3, 고려편, p. 236에서 옮김)

원 력사연구소와 김일성종합대학 력사학부가 공동으로 발굴 작업을 통한 심도 있는 연구 조사가 이루어진 바 있다.[17]

고려첨성대의 기록은 개성부의 읍지인 『중경지(中京誌)』 권7에 있는

> 첨성대는 만월대 서쪽에 있다.
> 瞻星堂在滿月堂西.

라는 기사가 유일한 것이다. 만월대는 고려의 왕궁터이며, 현재 남아 있는 첨성대 유물은 만월대 서쪽 약 200m 되는 지점에 위치하고 있다. 그림 2-2의 위는 이 유물의 현재 모습이다.

밑변의 너비가 3m × 3m인 정사각형인 대지에 80cm × 85cm 크기의 기초석이 네 귀퉁이와 중앙에 각각 박혀 있다. 이 기초석 위에는 네모난 돌기둥(높이 3m)이 각각 얹혀 있고, 그 위에 5개의 보와 사이사이에 6개의 돌판이 얹혀 있다. 이 보와 돌판은 첨성대의 2층 바닥인 셈이다. 그리고 이 네 귀퉁이에는 지름 약 12cm, 깊이 약 9cm 되는 구멍이 있다. 이것은 그 위에 다시 한 층을 올리기 위한 기둥을 박기 위한 것이다. 북한의 조사진은 주변에서 두 종류의 크기의 돌기둥 여러 개를 발견하여 이 첨성대는 적어도 3층으로 된 축조물임을 알아 냈다(그림 2-2 아래 그림 참조).

고려첨성대의 역할은 의심할 여지가 없는 천문과 기상 관측이었다. 고려의 건국 초기에는 태복감과 태사국이, 1023년에는 사천대, 그리고 다시 고려말에는 서운관이 첨성대를 운영하였다. 서운관에는 총 19명의 관원이 있었는데, 그 명칭과 품계와 관원의 수는 각각 다음과 같았다.

---

17) 최상준 외, 『조선기술발전사』 3, 고려편, 과학백과사전종합출판사, 1994, pp. 233-244.

령	정3품 1명(후에는 판사로 개칭됨)
정	종3품 1명
부정	종4품 1명
승	종5품 1명
주부	종6품 2명
장루	종7품 2명
시일	정8품 3명
사력	종8품 3명
감후	정9품 3명
사진	종9품 2명

표 2-2.『고려사』천문지와 五行志에 수록되어 있는 천문 현상의 기록

종 류	기록된 수	설 명
일식(日食)	135	날이 흐리거나 비 때문에 관측하지 못한 기록도 포함시켰다.
월식(月食)	226	날이 흐리거나 비 때문에 관측하지 못한 기록도 포함시켰다.
일중흑자(日中黑子)	4	태양 흑점을 뜻한다. 망원경이 없던 시기임에도 불구하고 흑점을 관측한 희귀한 기록이다.
성주현(星晝見)	195	낮에 주로 금성 때로는 목성이 보인 경우이다. 중국에서는 성주현을 따로 기록하지 않은 데 반하여 고려와 조선에서는 대단히 중요시했다.
노인성(老人星)	2	이 별은 남쪽 지평선에 너무 가까이 있어서 보기 어려운데, 이 별을 보면 나라에 좋은 일이 생긴다고 하는 전설로 인해서 보기를 원했었다.
혜성(彗星)	121	혜성과 다음 칸의 운유성은 분간이 잘 되지 않는 기록들이 많다. 여기에 제시한 것은 다만 혜성이라고 분명하게 적혀 있는 기록만을 조사한 숫자이다.
운유성(隕流星)	756	운석과 별똥별

앞의 여러 관원들 중 관측에 실제로 임한 사람은 장루, 시일, 사력, 감후, 사진의 5종의 직위에 해당한 사람들이라고 생각되며, 주부 2명은 기록을 담당한 사람이었다.

그들의 업적은 『고려사』 천문지와 오행지에 수록되어 있는데, 천문현상만 하더라도 그 기록된 수는 대단히 방대하다. 표 2-2에는 기록된 수를 천문 현상을 종류별로 제시하였다.

4. 조선 시대의 천문대

조선 시대에는 천문대가 여러 곳에 있었는데, 그 구조와 종류는 다양하다. 따라서 이 시대의 천문대를 상설 천문대와 임시 천문대로 나눠서 고찰하는 것이 좋다. 상설 천문대는 다시 두 종류로 분류되는데, 그 첫째는 경복궁에 있었던 큰 천문대였던 大簡儀臺이고, 둘째는 여러 곳에 있었던 觀天臺라고 흔히 불리는 小簡儀臺들이다. 임시 천문대는 일식이나 월식, 그리고 혜성의 출현이 있을 때 임시로 사용한 곳이다. 서울 외곽과 지방에 흩어져 있었다.

조선의 천문관측의 중심은 한양이었고, 그 중에서도 경복궁 경회루 주변이었다. 따라서 조선의 천문대에 관한 설명은 이 곳에서부터 시작하기로 한다.

4-1. 경복궁 경회루 주변

그림 2-3은 경복궁의 지금의 배치도이다. 이 궁의 서쪽에 위치한 경회루 주변에 표시한 ①~⑤는 5종의 천문시설의 위치를 보인 것이다. 먼저 경회루 북쪽에는 대간의대(①), 규표(②), 혼의와 혼상을 설치한 작은 건물(③)이 동에서 서로 나란히 있었다. 이 세 종류는 서로 연관이 있기 때문에 이렇게 배치된 것이다. 경회루 남쪽에는 거대한 물시계인

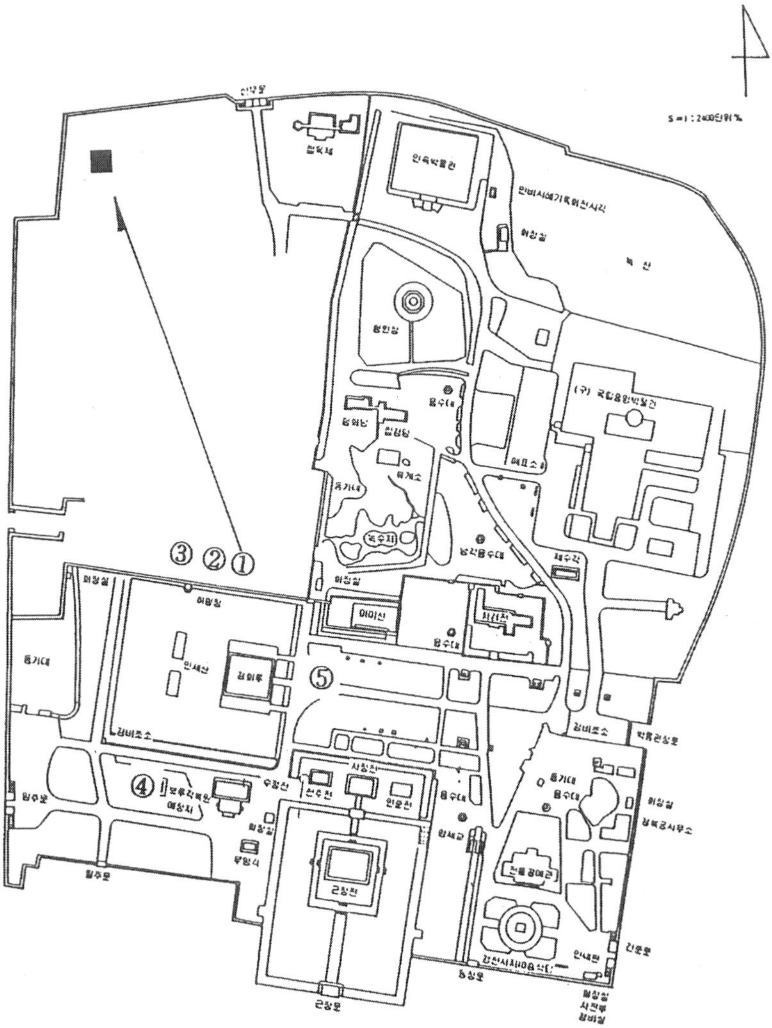

그림 2-3. 경복궁 안의 경회루 주변의 여러 관측 시설들의 배치 상황. ①은 첫 간의대, ■은 옮긴 후의 간의대, ②는 규표, ③은 혼의 · 혼상각, ④는 자격루와 보루각, ⑤는 옥류와 흠경각을 각각 표시한 것이다(Nha Il-Seong, *Oriental Astronomy from Guo Shoujing to King Sejong*, Fig. 1, p. 202를 약간 고쳐서 옮김).

자격루와 이 자격루를 설치한 건물인 보루각(④)이 자리하고 있었다. 다시 경회루 동쪽에는 세종대왕이 혼자 사용한 다목적 시계인 옥루를 설치했던 흠경각(⑤)이 있었다. 이 궁궐의 북서쪽 밖에 ■로 표시한 것은 세종이 말년에 대간의대를 옮긴 곳을 가리킨다.

4-2. 대간의대(大簡儀臺)

대간의대를 제외한 다른 측정 기기들은 제4장에서 다루기로 하고, 여기서는 큰 천문대로 유명한 대간의대만을 소개하기로 한다. 기록에 '대간의대(大簡儀臺)'라는 말은 없지만, 이렇게 쓰는 이유는 여러 곳에 있었던 소간의대(小簡儀臺)와 구별하기 위해서이다.

대간의대는 세종대왕이 경회루 수변에 각종 천문의기를 갖춘 큰 천문대를 건설하는 사업의 하나로 세종 15년(1433)에 돌로 건립한 것이다. 처음 위치는 그림 2-3에 보인 경회루 바로 북쪽인 ①의 지점이었고, 그 크기는 높이 31척(약 9.5m), 길이 47척(약 14.4m), 넓이 32척(약 9.8m)로서, 위에는 돌로 된 난간이 있었다.[18] 이 때 건축을 감독한 사람은 호조판서 안순(安純) 한 사람만 세종 19년 4월 15일자 『실록』에 적혀 있으나 정초(鄭招), 이천(李蕆), 정인지(鄭麟趾), 김빈(金鑌) 등과 함께 장영실(蔣英實)도 참여했을 것이다. 간의대가 완성된 후에는 이순지(李純之)와 김담(金淡)이 주로 관측에 종사하였다. 세종대왕은 이 간의대를 대단히 귀하게 생각하였는데, 세자(후의 문종)로 하여금 이순지와 김담과 함께 관측하도록 당부할 정도였다.

이 간의대에 어떤 기기가 설치되어 있었는지는 분명하지 않다. 다만 대의 이름이 간의대이므로 간의와 정방안이 있었던 것만은 쉽게 짐작이 간다. 그리고 세자가 간의대에서 정초, 이천, 정인지, 김빈 등과 함께 간

---

18) 『세종실록』 77: 9ㄴ.

의와 혼천의에 대해서 강론하였다는 기록을 보면 혼천의도 대 위에 있었던 것 같다.

그런데 세종은 노년에 이르러 이 간의대를 다른 곳으로 옮기려고 하였다. 『세종실록』에는 세종이 25년 1월부터 동년 7월까지 신하들의 강한 반대에도 불구하고 끈질기게 간의대를 옮길 것을 명하였다. 세종의 명분은 그 자리에 후궁(後宮)을 짓는다는 것이었지만 본심은 다른 데 있었다.

그렇다면 무슨 다른 이유가 있었을까. 그것은 명나라와의 관계를 고려한 것이었다. 원나라 때와는 달리 당시의 명나라 조정은 북경의 자금성(紫金城) 이외의 지역에서 천문 관측을 하는 것을 엄하게 금하고 있었다. 그런데 경회루는 명에서 온 사신들을 초대하여 잔치를 베푸는 곳인데 그 바로 북쪽 잘 보이는 곳에 천문대가 있었으니 두 나라 사이에 불편한 일이 될 수 있었던 것이다. 이것은 『세종실록』에 있는 다음 기사가 잘 설명하고 있다.

> 좌헌납 윤사균(尹士昀)이 아뢰기를 "이 간의대를 헐고 후궁을 세우시려 하심에, 신등은 비록 그 완급은 알지 못하오나 어찌 마지못해 하는 일이 있사오리까. 이 역사를 정지하시기를 비옵니다." 하니, 임금이 말하기를, "이 간의대가 경회루에 세워져 있어 중국 사신으로 하여금 보게 하는 것이 불가하므로, 내 본래부터 옮겨 지으려 하였다"(『세종실록』 99: 6ㄱ).

『세종실록』에는 간의대를 옮긴 지점과 완공한 사실을 정확히 밝히지 않고 있으나 그 곳은 경회루에서 멀리 떨어진 경복궁의 가장 북쪽의 한 지점인 영추문 안이였고, 그 시기는 세종 25년(1443) 말경이다. 영추문은 일제에 의해 파괴되었고, 대간의대는 언제 없어졌는지 알려지지 않고 있어 왔다. 그런데 이 영추문과 간의대에 관한 기록이 다음과 같은

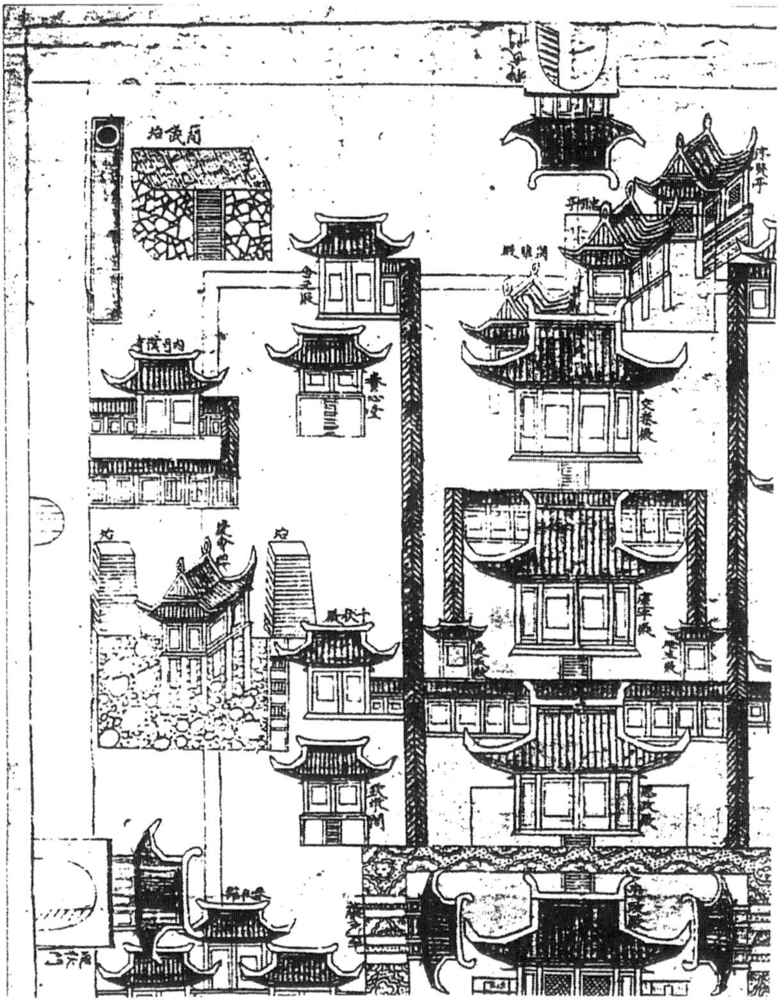

그림 2-4. 경복궁전도(景福宮全圖)의 한 부분. 이 그림의 왼쪽 위에 간의대(簡儀坮)가 있고, 그 왼쪽에 규표가 보인다. 경회루 좌우에도 관측대가 각각 1개씩 있는데 대(坮)라고만 쓰여 있다(세종대왕 탄신 601돌 기념 학술대회 논문집. 주남철의 「보루각의 건축」에서 옮김).

와다(和田)의 증언으로 밝혀졌다.

> 근년까지 경복궁 영추문 안에도 화강석으로 만든 거의 완전한 관대(觀臺)가 있었는데, 보통학교 생도들을 위한 운동장을 신설하면서 이것을 파괴해 버린 것은 심히 유감스럽다(『조선고대관측기록조사보고』, p. 169).

여기의 관대는 대간의대를 가리킨 것이지만, 와다(和田)가 말하는 이 보통학교는 어느 학교인지 분명치 않으나 지금의 경복고등학교로 짐작된다. 그렇다면 세종이 옮겨 세운 대간의대는 임란 때 파괴된 것이 아니라 1915년 이후 일본 총독부에 의해 파괴된 셈이다. 학교 운동장을 만들 때 헐어 버린 것이므로 지금 그 일대를 파 본다 하더라도 그 유적지를 찾아 내기 어려울 것이다.

4-3. 여러 곳에 있는 관천대

경복궁에만 천문대가 있었던 것은 아니다. 작은 규모의 천문대가 창덕궁 왼편에 있던 북부광화방(北部廣化坊)에 2개, 경희궁에 1개가 더 있었다. 이런 천문대는 성주덕(成周悳)이 쓴 『서운관지(書雲館志)』에 관천대(觀天臺),[19] 또는 소간의(小簡儀)를 설치한 대라 하여 소간의대(小簡儀臺)라고도 기록하고 있다. 그런데 북부 광화방에 있었던 2개 중 하나는 그 후 몇 차례 옮겨진 후 지금은 창경궁에 있다. 이 세 관천대의 변천을 다음 도표로 표시해 본다.

> 북부 광화방관천대(1) …… 세종 때 건립 …… 1988년 '현대그룹' 사옥을 짓기 위해 해체 후 재건
> 북부 광화방관천대(2) …… 세종 때 건립 …… 임진왜란 때 파괴된 듯

19) 『書雲館志』 1: 7ㄱ.

…… 숙종 무진년(1688) 창덕궁 금호문 밖에 재건
…… 현재 창경궁 안에서만 두세 차례 옮겨짐(연대는 알 길 없음).

경희궁 개양문관천대 …… 숙종 28년 임오(1702)에 건립 …… 1910년대에 조선총독부가 경성중학교(京城中學校)를 지을 때 헐어 버림.

북부 광화방관천대: 이 천문대는 옛날 관상감의 본부가 있었던 북부

그림 2-5. 광화방관천대의 1930년대의 모습. 대의 왼쪽에 붉은 벽돌 담이 대를 의지하여 있고, 대 앞에는 이원철 박사(왼쪽)와 루훠스 박사가 서 있다(*Korean Astronomy*의 Fig. 34를 옮김).

그림 2-6. '현대그룹' 사옥 앞에 있는 옛 광화방 터의 관상감관천대(사적 제296호)

광화방에 있었기 때문에 광화방관천대로 불린다. 이 천문대가 처음 세상에 알려지게 된 것은 루훠스가 1936년에 영문으로 발표한 데서 비롯된다.[20] 지금의 '현대그룹' 사옥이 있는 곳으로서, 휘문고등학교가 서울의 강남 지역으로 자리를 옮기기 전에 있었던 옛 교사의 터(지금의 종로구 계동)이다. 학교가 있었을 때 남쪽 경계에 붉은 벽돌 담을 쌓았는데, 그 때 이 관천대를 큰 기둥처럼 이용하였다(그림 2-5 참조). 이로 인해서 옛 천문대로서의 가치는 발휘하지 못했지만 훼손되지 않고 오래도록 그 자리를 지키고 있을 수 있었다. 광화방관천대는 1982년 '현대그

---

20) W. Carl Rufus, "Korean Astronomy", *Transactions of the Korea Branch of the Royal Asiatic Society*, Vol. 26, Fig. 34, 1936.

룹'이 휘문학교 옛 터에 고층 사옥을 건축할 때 잠시 헐리고 1983(?)년에 다시 복원되었을 뿐 지금까지 본래 모습을 그대로 유지하고 있기 때문에 학술적 가치가 다른 관천대에 비해 훨씬 높다(그림 2-6 참조).

이 관천대의 건립에 관하여 전상운과 나일성은 세종 시대에 건립한 것으로서 확실하게는 『동국여지승람(東國與地勝覽)』이 처음 편찬되었던 성종 18년(1486) 이전에 북부 광화방에 있었다고 한다.[21] 그들의 조사에 의하면 관천대에 사용된 석재는 전부 장방형으로 다듬은 화강암석이다. 전부 7단으로 쌓아 올린 축조물이나 가장 밑에 깔려 있는 돌은 지면에 묻혀 있어서 자세히 조사하지는 못했으나, 그 위로 6단의 높이는 365cm이다. 약 290 × 259cm 넓이의 상단에 올라가 보면 사면에 둘러싸인 돌벽 사이의 공간은 흙으로 채워져 있고, 그 중앙에 소간의를 설치했던 대석이 있다.

창경궁관천대: 이 천문대는 앞에 소개한 바대로 본래 광화방에 있었던 서운관 역내의 광화방관천대(2)이다. 임진왜란 때 서운관의 여러 건물이 파괴될 때 크게 손상을 입었던 것 같다. 그래서 숙종 14년 무진(1688)에 창덕궁 금호문 밖에 옮겨서 재건되었다. 그런 관천대가 지금은 창덕궁이 아니라 그 옆에 있는 창경궁에 있다. 광화방에서 창덕궁으로 옮겨진 이유는 알려진 사실이지만, 그 후 다시 창경궁으로 옮겨진 까닭은 무엇인가.

이에 관하여 와다 유지(和田雄治)는 『조선고대관측기록조사보고』, p.168에 다음과 같이 적고 있다.[22]

> 관상대는 숙종 14년에 창덕궁 금호문 밖에 지은 것인데, 지금도 이왕

21) 全相運 · 羅逸星, 「觀象監 觀天臺에 대하여」, 『東方學志』 40, 1983, pp.251-267.

22) 和田雄治, 「朝鮮測候略史」, 『朝鮮古代觀測記錄調査報告』, 1917, p.168.

> 직박물관(李王職博物館)의 동물원 안에 그 유지(遺址)가 있다. 또한 원래 홍문관(弘文館)이 있던 석대도 있다.

『조선고대관측기록조사보고』는 1917년에 출간된 책이므로 금호문 밖에 있던 관천대를 창경원이라고 개명된 옛 궁 안에 동물원을 만들었다는 말은 일제가 한 일이다. 따라서 관천대를 옮긴 것도 그들이 한 일이고 그 때는 1910년 이후 1915년 전이 될 것이다.

그런데 『京城府史』에는 그 시기에 대해서 약간 다르게 기록하고 있다.

> 이 관천대는 처음에는 금호문 밖에 세워졌던 것이다. 그 위치는 현 위치로부터 남남서쪽 수 미터 떨어진 지점이었는데, 1931년 5월에 「水禽室內」로 다시 이전했다.

여기서 말하는 '수금실내(水禽室內)'는 와다가 말한 동물원일 것이다. 그런데 그 관천대가 지금 있는 '수금실내'에서 '불과 수 미터 떨어져 있는 곳'이라는 것이다. 그렇다면 창경궁으로 옮겨 와서도 두 번 자리를 옮겼다는 셈인가. 『경성부사』가 말하는 위치는 지금의 명정전(明政殿) 회랑 남쪽이다. 그러나 이 곳은 관천대가 지금 있는 지점은 아니다. 1980년경 창경원은 창경궁으로 다시 복원되고 일제가 만든 동식물원을 없애고 옛 건물들을 복원하면서 회랑 북쪽인 지금의 위치가 된 셈이다.

이전된 경로와 사연은 대단히 복잡하지만 광화방에 있던 관천대가 지금 있는 곳이 창경궁이기 때문에 우리는 이 관천대를 창경궁관천대라고 부른다.

창경궁관천대는 이렇게 여러 번 자리를 옮기는 과정에 본래의 석재의 일부는 새 것으로 대체되기도 하고 또한 현재 설치된 방향조차 본래와는 달라졌기 때문에 광화방관천대(1)에 비해 손색이 많다. 그럼에도 불

그림 2-7. 창경궁관천대의 지금의 모습(보물 제851호)

구하고 문화재위원회가 보물 제851호로 지정한 것은 광화방관천대가 아니라 이 창경궁관천대이다. 현재의 크기는 높이 220cm, 가로 240cm, 세로 230cm이며, 전체가 화강암석으로 축조되어 있다. 오르내리는 돌계단이 있고, 윗면은 네 기둥에 난간이 있다. 중앙에는 소간의를 설치한 받침대가 있는데 서로 재질이 다른 두 개의 돌로 되어 있는 것이 어색하다.

경희궁관천대: 숙종 28년(1702)에는 경희궁 개양문 밖에도 관천대가 세워졌다. 그러나 이 관천대에 대한 기록은 『궁궐지(宮闕志)』 권4, 경희궁편에 위의 기록이 있을 뿐 더 이상 자세하게 알지 못하고 있다.

경희궁은 일제 때 일본 총독부 관리들의 자식들을 위한 경성중학교(京城中學校)를 그 자리에 세우면서 헐리고 말았다. 이 때 관천대에서 사용한 수격식 혼천시계도 함께 없어진 것으로 전해 오고 있다.

지금은 서울특별시가 대문과 두 채의 옛 양식의 건물을 지었고, 최근에는 '서울시립박물관'을 위해 서양식 건물 한 채를 지었으나 관천대는 복원되지 않고 있다.

4-4. 간이 관측대(簡易觀測臺)와 임시 천문대

『왕조실록』이나 『증보문헌비고』를 비롯하여 여러 문헌에는 월대(月臺), 일영대(日影臺) 등의 이름을 가진 간이 관측대가 여러 곳에 있다. 그러나 그림이나 사진은 전혀 없고, 제원이나 기능을 소개한 기록조차 없어서 자세히 알려지지 않고 있다. 그런데 다행히 18세기경에 그린 『동궐도(東闕圖)』에 혼의와 측우기, 그리고 일성정시의를 두었던 석대가 있는 그림이 있다. 그 중에서도 일성정시의를 두었던 석대는 관천대와 같은 규모로 보인다(그림 2-8 참조).

조선 시대의 간이 관측대는 한양에 있는 궁궐 안에만 있었던 것은 아니고 여러 지방에도 많이 있었던 것 같다. 그 한 예로 경남 창원시 월영리에 큰 글씨로 '월영대(月影臺)'라고 새겨 있는 각석(새긴 면의 길이는 3척, 너비는 1척, 글자 크기는 7척5푼으로 개서)이 있다는 기록이 있다.[23)]

한양에 있던 대간의대에서나 여러 관천대에서 관측하기 어려운 천문 현상이 생길 때가 종종 있었다. 그것은 주로 일식과 월식, 그리고 혜성과 같은 현상이 고도가 낮은 지평선 근처에서 일어날 때이다. 가령 일식이 동이 틀 무렵에 일어날 때는 동쪽 지평선에 가까운 위치이고, 해가 질 저녁때라면 서쪽 지평선에 가까운 때이다. 이런 때에는 궁궐 안의 간의대나 관천대에 올라가 보아도 인가나 높은 나무에 가려서 확인하기 어려워진다. 이래서 주변의 높은 산을 임시 관측소로 이용하게 된 것이다. 일식이나 월식이 시작 또는 끝나는 시각을 정확하게 측정하는 일은

---

23) 朝鮮總督府編, 『朝鮮金石總攬』 上, p. 107.

그림 2-8. 『동궐도(東闕圖)』에 있는 소간의대로 보이는 그림. 광화방관천대와 모양이 비슷하다.

그 때나 지금이나 다 같이 중요한 일이다. 특히 조선 시대에는 이 시각 측정으로 예보한 시각과 비교하였다. 만일 예보한 시각과 실제로 일어난 시각 사이에 차이가 있다면 이는 관상감이 계산을 잘못했거나 당시의 역법이 불완전하다는 것을 의미한다. 계산이 틀리는 경우에는 해당 관원은 벌을 받게 되고, 그렇지 않는 경우는 역법 개선을 위해 노력했다.

『세종실록』을 비롯하여 조선 시대의 문헌에 자주 기록된 산은 서울의 남산과 삼각산이다. 이 두 곳은 특별한 천문 현상이 동쪽 지평선에서 일어날 때 이용되었다. 그런데 산 위에 올라간다 하더라도 사방 지평선이나 하늘이 잘 보이는 것은 아니다. 산에는 높이 자란 나무들이 많아서 시야를 가린다. 그렇기 때문에 남산이나 삼각산이 관측 장소로 이용되었다고 하는 사실은 관측할 만한 장소를 선택하고는 그 주변을 정리해서 관측자들이 넓은 시야를 확보할 뿐만 아니라 며칠 밤을 지낼 수 있도록 거처할 만한 가건물이라도 지어 놓고 있었다는 뜻이다. 그런 뜻에서 이런 곳을 임시 천문대라고 이름 붙여 본 것이다.

서쪽 지평선을 관찰할 필요가 있을 때는 강화도 마니산을 자주 이용하였고, 노인성을 비롯하여 남쪽 하늘의 현상을 관측해야 할 때는 제주도 한라산까지 임시 천문대로 활용하였다.

4-5. 서운관의 확충과 천문관측

조선의 건국 초기에는 고려말의 서운관(書雲觀)이 그대로 계승되었다. 그러나 세종이 즉위하자 변화가 일기 시작했는데, 그의 2년 3월 13일 실록에 다음과 같은 충격적인 기록이 있다.

> 이조에서 계하기를 '중국 흠천감(欽天監)에는 각 品의 정원이 11명뿐인데, 우리 서운관의 정원은 27명이나 되오니 너무 많습니다. 장루(掌漏) 4명에서 2명, 시일(視日) 4명에서 2명, 사력(司曆) 4명에서 2명, 감

표 2-3. 세종 시대의 서운관의 직제와 관원수

	세종 2년 3월 13일 이전	세종 2년 3월 13일 이후	7년	13년	19년	27년
천문(天文)	20	10	25	35	35	35
(장루掌漏)	(4	2)				
(시일視日)	(4	2)				
(사력司曆)	(4	2)				
(감후監候)	(4	2)				
(사진司辰)	(4	2)				
금루(禁漏)	4	2	44	44	44	44
풍수학(風水學)	?	?	11	11	11	11
역산소(曆算所)	-	-	-	-	10	10
명과학(命課學)	-	-	-	-	-	10
총인원	20+?	10+?	80	90	100	110

후(監候) 4명에서 2명, 사진(司辰) 4명에서 2명을 감원하게 하고, ……'
하니, 그대로 따르다.

서운관에 대한 세종의 태도는 다행히 이 일이 있은 지 얼마 되지 않아서 크게 달라졌다. 그 때가 언제인지는 정확하게 밝힐 수는 없지만 세종 7년 11월 29일자 실록에는 크게 확충된 서운관의 직제와 임무에 따른 인원수가 기록되어 있다. 그리고 그 후의 실록을 상고해 보면 세종의 서운관은 그 규모에 있어서나 업무 내용에 있어서 명의 흠천감과는 비교할 수 없을 정도로 충실한 기관으로 발전되었다. 따라서 우리는 전세계적으로 유아독존격인 규모와 권위를 가진 15세기의 천문대로서는 세종의 천문대를 들지 않을 수 없는 것이다. 표 2-3에 보인 숫자는 고위직에 있었던 행정 관리들은 제외한 순수한 전문직에 속한 관원들의 수이다.

따라서 세종 27년에는 서운관에 속한 인원의 총수는 적어도 130명 이상에 달했으리라고 추정된다.

5. 일제 때의 현대 천문대

여기서 말하는 현대 천문대라 함은 서양 천문학이 도입되고 망원경으로 관측하기 시작한 천문대를 뜻한다. 18세기 영조 시대에도 망원경이 사용되기는 했었으나 그 때의 관측 방법이나 장비가 20세기 초까지 연속되지 못하고 그 후 얼마 되지 않아서 중단되고 말았다. 이 때문에 금세기 초에 서양 개신교 선교사들이 보급한 서양 천문학과 그들이 설치한 망원경으로부터 이야기를 시작하려고 한다.

5-1. 연희전문학교의 관측 시설과 교육

1915년에 개교한 현대식 고등교육기관인 연희전문학교(지금의 연세대학교)에는 미국에서 온 두 사람의 과학 교육을 전담한 선교사 교수가 있었다. 그 중 한 사람은 벡커〔한국명은 백아덕(白雅悳)〕[24]이고, 또 다른 한 사람은 루휘스[25]이다.

---

24) Arthur Lynn Becker(1879~1979)는 1903년에 한국에 온 후 1914년까지 평양에 있던 숭실학교에서 과학을 가르치다가 연희전문학교 설립 초인 1914년부터 서울로 옮겨 와서 그 후 제2차 세계대전이 시작한 1942년 일본인에 의해서 강제 추방당하기까지 연희전문학교 교수로 있으면서 물리학, 수학, 천문학을 강의한 물리학자이다. 소개하는 글로는 나일성의 「알비온에서 온 두 과학자」, 『동방학지』 46-48합집, 1985, pp. 585-606가 있다.

25) W. Carl Rufus(1976~1946)는 1907년에 숭실학교에 부임하여 벡커와 함께 과학 교육에 전념하다가 벡커와 함께 연희전문학교에 와서 주로 천문학, 수학, 물리학을 강의한 천문학자이다. 그는 총독부의 교육 정책에 불만을 품고 연희전문을 사임하고 1917년 재한 10년 만에 미국 미시간 대학 교수로

그림 2-9. 연세대학교 언더우드관 옥상에 설치된 임시 천문대. 15cm 굴절망원경 옆에 학생들과 함께 서 있는 이원철 박사(1928년도 연희전문학교 졸업 앨범에서 옮김)

이들이 교육에 사용한 교재는 영어로 된 원서였으나 초기의 교재는 알려지지 않고 1944년판인 Fath의 *The Elements of Astronomy* 책이 현재 연세대학교 도서관에 남아 있다.[26] 근대에 들어와서 처음 도입된 망원

되돌아갔다. 소개하는 글로는 나일성의 「알비온에서 온 두 과학자」, 『동방학지』 46-48합집, 1985, pp. 585-606가 있다.

26) 나일성, 「천문기상학과」, 『연세대학교 백년사 3』, 1985, pp. 126-135.

경은 15cm 굴절망원경인데, 이원철 교수가 1928년에 찍은 사진이 있는 것으로 미루어 이 망원경은 그보다 몇 년 전에 벡커 교수에 의해서 언더우드관 옥상에 설치된 것으로 추측된다. 이 망원경으로 어떤 관측이 이루어졌었는지 알아 볼 자료가 남아 있지 않다. 1940년대에 일본이 전쟁에 쓸 금속물을 강제로 징수하는 과정에 이 망원경의 본체는 쇠붙이라 하여 징수당했다. 렌즈는 6 · 25 전쟁 때 기름종이에 잘 싸서 어디엔가 감춰 두었다고 전해 오고 있을 뿐 그 곳이 어디인지는 전쟁이 끝나고 서울로 수복한 후 지금까지도 찾아 내지 못하고 있다.

5-2. 조선총독부관측소 천문대

1910년 한일합방과 동시에 서울에 설치된 조선총독부는 대한제국의 관상감을 폐하고, 인천 송월동에 '조선총독부관측소'를 설치하고, 전국의 기상 업무를 총괄하게 함과 동시에 『조선민력(朝鮮民曆)』이라는 이름으로 역서를 발행했다. 이로써 총독부는 천문에 관한 업무도 관측소가 맡도록 하였다. 초대 관측소장이었던 와다 유지(和田雄治)[27]는 이보다 앞선 1909년에 울산에 상륙하여 경주에 들러 신라첨성대를 조사한 바 있다는 것은 이미 앞에서 소개하였다.[28] 와다는 그의 재직중만이 아니라 퇴임 후에도 한국의 고대 기록을 가지고 기상학과 천문학에 관한 연구를 계속했다. 이와 같은 그의 노력의 영향을 받은 탓인지는 몰라도

---

27) 和田雄治(1859~1918)는 기상학자로서 1904년 노일전쟁 때 청국과 한국의 기상관측망을 정비하는 동시에 인천관측소장에 취임, 1910년 합방되면서 초대 총독부관측소장이 된 후 1915년에 퇴임과 동시에 일본으로 돌아갔다. 1918년에 졸. 1931년에는 조선총독부관측소 구내(인천)에 흉상이 세워지고 한문으로 된 명판이 제작되었으나 지금은 남아 있지 않다.

28) 和田雄治, 「慶州瞻星臺ノ說」, 『朝鮮古代觀測記錄調査報告』, 1917, pp. 144-151.

인천에 있었던 관측소에는 세끼구찌 리기찌(關口鯉吉, 재한 기간 1912~1917)라는 천문학자가 근무한 바 있고 또 후에는 굴절망원경이 설치되기도 했다.

인천관측소에 설치된 망원경은 15cm 적도의였는데, 이 망원경이 설치된 관측소를 천문대라는 별도의 호칭을 가지고 있었는지는 분명하지 않다. 뿐만 아니라 이 망원경이 실제 관측에 얼마나 활용되었었는지 알아 보기에는 남아 있는 자료가 거의 없다. 다만 1939년에 「기상강화회(氣象講話會)」가 발행한 『기상강화회보(氣象講話會報)』[29]에 유미 지

그림 2-10. 옛 국립중앙관상대(서울시 송월동) 옥상에서 금환일식 사진 관측에 사용된 15cm 굴절망원경. 가운데 기록하고 있는 사람은 당시의 서용화(徐龍和) 천문과장이고 망원경을 조정하고 있는 사람은 필자이다(1957년 4월 30일자 《동아일보》에서 옮김).

29) '기상강화회(氣象講話會)'는 총독부관측소에 속한 직원들이 조직한 학술 모임으로 보이며, 『기상강화회보(氣象講話會報)』라는 정기간행물을 발간하고 있었다. 유미 지(弓滋)가 쓴 글은 「最近發見せられた彗星二っに就いて」이며, 『氣象講話會報』 昭和 第13卷, 第5號, pp. 159-165(1939)에 있다.

(弓滋, 재한 기간 불명)가 쓴 두 혜성(1939*b* 리골렛트 혜성과 1939*i* 카민스키 혜성)에 관한 보고서가 있어서 당시의 일면을 알 뿐이다.

유미의 글에 의하면, 상기한 두 혜성에 대한 東京天文臺回報(84, 85)에 접하고 즉시 15cm 굴절망원경으로 육안 관측을 시도했으나 카민스키 혜성은 이미 관측 시기를 놓치고 리골렛트 혜성만을 4일 밤 관측하여 6개의 위치 측정치를 얻었다는 것이다. 이로 미루어 보면 1930년대에 한반도에서 현대식 관측이 있었던 곳은 이 곳뿐이라고 보인다. 이 망원경은 자동 추적이 가능한 망원경이었고, 관측소 옥상에 설치된 돔 안에 있었으나 지금은 없어지고 말았다. 6 · 25 전쟁 때 인천 상륙 작전중 함포 사격으로 파괴된 것으로 추측하고 있다. 남아 있는 사진도 없다.

총독부관측소에 속한 부산측후소에도 15cm 굴절망원경이 한 대 있었는데, 이것은 적도의식 수동이다. 이 망원경은 6 · 25 전쟁으로 중앙관상대가 부산으로 옮겨가 있을 때 창고 속에서 발견되었고, 전쟁이 끝난 후 환도할 때 서울시 송월동 본대로 옮겨 왔다. 10여 년 간 사용되지 않고 창고에 있었기 때문에 망원경 상자는 심하게 부패되어 있었고, 또 망원경 렌즈도 투광률이 떨어져 있었다. 이 망원경은 연구용은 아니지만 1957년 금환일식(한국에서는 부분일식) 때 일간 신문이 보도용 사진으로 찍은 것이 한 장 있을 뿐, 주로 견학자들에게 학습용으로 자주 이용되었었다(그림 2-10 참조).

제 3 장

천 문 도

『천상열차분야지도』 각석 600돌 기념 복각본 봉헌식 장면
(1995년 연세대학교 박물관)

현대인들에게 있어서 **천문도**(天文圖) 또는 **성도**(星圖)라 함은 전적으로 서양의 천문도만이 그 가치를 지니는 것이라고 생각하는 경우가 많다. 이는 오늘날의 천문학이 16세기에 코페르니쿠스가 태양을 중심으로 한 태양계를 처음 주창한 이래 17세기에 갈릴레오와 케플러가 이에 기초를 둔 관측과 이론으로 오늘의 우주관을 확립시킨 서양의 천문학이 현대 천문학으로 발전되었기 때문이다. 이로 인해서 서양으로부터 전해져 온 별들과 별자리 이름들이 우리에게 친숙해지면서 옛부터 사용하던 동양의 이름들은 사라지게 되고, 마침내는 기억하는 사람도 없이 옛 문헌에만 남게 되었다. 이로써 이제는 동양의 별들의 이름이나 별자리 이름을 모른다 하여도 조금도 불편을 느끼지 않고 현대 천문학에 관한 연구를 수행할 수 있다고 해도 아무도 이의를 제기하지 않게 되어 버렸다.

그런데 자연과학은 인간의 축적된 경험을 체계 있게 정리한 학문이다. 앞으로도 체험할 경험이 더욱 축적되면 지금까지 정리한 학문의 내용을 더하거나 빼게도 되고, 또 확립한 것으로 믿었던 체계라 할지라도 수정하게도 될 것이다. 그것은 오래 된 낡은 경험을 버리는 것이 아니라 옛것과 새것을 종합하는 변화된 새 학문 체계로 발전하는 것이다. 이런 시각으로 보면 자연과학의 여러 분야 중에서 천문학은 가장 오래 된 인간의 경험을 가장 중요하게 다루는 분야로 꼽힌다. 별이나 우주의 생성과 진화를 알아 보기에는 인간의 역사가 순간이라고 표현될 만큼 너무 보잘것없는 짧은 것이다. 그렇기 때문에 고대인이 적어 놓은 유치하기 그지없는 기록조차 소중한 것이다. 고대인들이 남긴 흔적들은 시대와 지역과 인종에 따라 각양 각색이지만, 그 기록들 중에서 별들의 배치와 연관시켜서 기록한 것이 있다면, 우리는 그 기록의 의미를 찾아 낼 단서를 발견하게 될 것이다. 그런데 별들이나 하늘의 현상에 대한 옛 기록을 누가 가장 많이 남겼던가.

희랍 신화로부터 유래된 별자리 이름과 바빌로니아 사람들이 붙인 별의 이름들이 오늘날 학술 용어로 사용되게 된 것은 오로지 앞서 소개한 16세기부터의 서양의 천문학이 이를 계승했기 때문인 것이다. 그러나 바빌로니아나 희랍 사람들의 역사는 오래 되었어도 천체 현상에 관한 기록은 그 수에 있어서나 질에 있어서나 놀라울 정도로 빈약하다. 이에 반하여 동양(특히 중국과 한국)의 기록은, 정확한 통계적인 수치를 제시하지는 못하겠지만, 갈릴레오의 망원경 발명 이전의 것이라면 전체의 90% 정도를 차지할 것이다. 이것은 기록의 수만을 의미하는 것이 아니라 그 질도 포함되는 말이다. 여기서 말하는 '질'이란 기록의 명확성이다. 밤 하늘은 동서남북의 지평선에서부터 머리 위에 이르는 넓은 공간이다. 이 넓은 공간 어느 모퉁이에 어느 날 어떤 현상이 발견되었다고 가정해 보자. 하늘을 작게 많이 쪼개서 구별을 분명하게 할수록 그 현상이 나타난 지점의 위치가 분명해질 것이다. 작게 쪼갠 하늘의 구역을 우리는 '별자리'라고 부른다. 17세기 초까지 서양의 별자리는 대략 40~50개[1)]정도였으니까, 하룻밤에 보이는 별자리의 수는 그 날 밤중에 얼마나 오랫동안 보았느냐에 따라 다르기는 하지만, 이보다는 훨씬 적은 수임에는 틀림없다. 그런데 중국에서부터 발전된 별자리의 수는 7세기에 이미 삼원 이십팔수(三垣二十八宿)에 290좌에 이르고 있었다. 하늘을 더 작게, 그리고 더 많이 쪼갰다고 하는 사실은 그 시대에 이미 하늘에서 일어나고 있는 현상에 지대한 관심을 가지고 있었다는 것을 말해 주는 것이다. 동양의 천문도는 이 시대적 요구에 부응하도록 제작된 것이다.

---

1) J. G. Toomer, *Ptolemy's Almagest*(Springer-Verlag: New York), 1984, pp. 341-399에는 전부 48개의 별자리가 있다. 유럽에는 Almagest 이후 Tycho Brahe의 시대까지는 별자리의 수에 변화가 없었을 것이다. 현재 사용하고 있는 별자리는 전부 88개인데, 이것은 중세기까지는 모르고 있었던 남쪽 하늘의 별까지 합한 수이다.

그림 3-1. 『천상열차분야지도』에 있는 별들

그림 3-1과 그림 3-2는 동서양의 천문도를 비교해 보기 위해서 제시한 것이다. 그림 3-1은 조선 태조 4년(1395)에 석각한 『천상열차분야지도(天象列次分野之圖)』에 있는 북극권의 별자리들이고, 그림 3-2는 그보다 4세기 뒤인 1776년에 영국 그리니치 천문대에서 발행한 좐 흘램스티드의 성도[2] 중 북극을 중심으로 그 주위에 있는 별자리들이다. 4세기

2) *Atlas Celeste De Flamsteed*. 이 천문도는 J. Flamsteed가 Greenwich 천문대의 초대 대장이 된 후 그가 정밀하게 측정한 별들의 위치로 만든 성도이다. 처

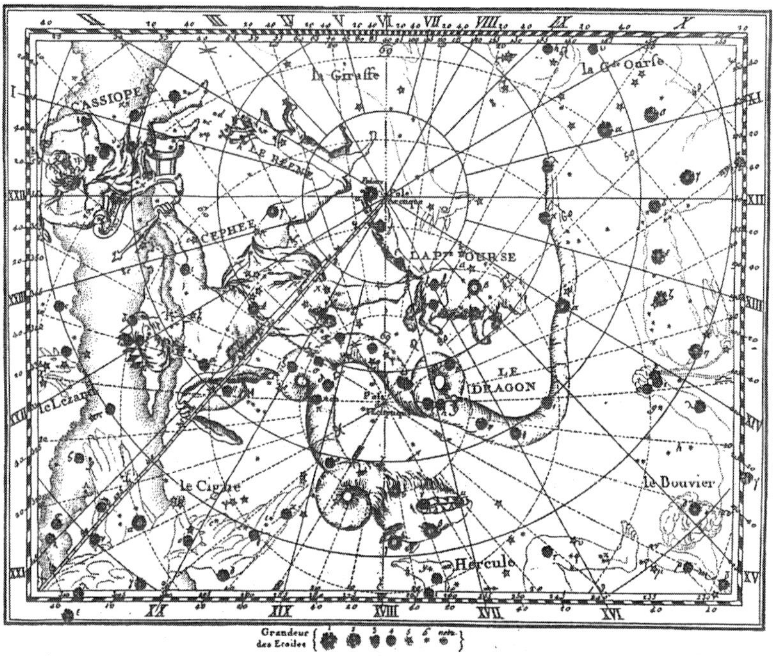

그림 3-2. J. Flamsteed의 1776년판 성도인 *Atlas Celeste De Flamsteed*에 있는 북극 중심의 별들

나 되는 긴 시간 격차가 있는 두 천문도를 여기에 제시하는 이유는 서양에는 『천상열차분야지도』에 수록된 성도만큼 자세한 천문도가 오랫동안 없었다는 사실을 알리려고 하는 데 있다.

음 출판은 1675년 영국에서였고, 1776년에는 프랑스어 판으로 파리에서 출판되었다. 그 후 일본의 恒星社가 이 프랑스어 판을 1940년에 다시 출판하였다. 그림 3-2의 성도는 이 恒星社版에서 옮긴 것이다.

1. 암각화의 별들

한반도에 뿌리를 박고 살기 시작한 선사 시대의 고대인들은 자기들의 존재를 후세에 알리려고 노력했었던 것 같다. 그 노력한 흔적이라고 볼 수 있는 것이 지금 암각화라고 하는 형태로 우리에게 남아 있다. 지금까지 발견된 선사 시대의 암각화의 수(그림 3-3 참조)는 대단히 많지만, 새겨져 있는 그림들은 사람이나 동물을 상징하는 것을 제외하면 거의 이해하기 어려운 이상한 무늬들이다. 이상한 무늬들 중에는 거의 완벽한 원이 둥근 점을 중심으로 여러 겹으로 에워싼 문양으로 되어 있는 것도 있다. 이런 문양을 일단 **동심원 무늬**라고 구별하여 보자. 이 동심원 무늬의 모양은 나무의 나이테를 연상시키는데, 나무의 나이테보다도 더 정확한 원을 하고 있는 것이 특징이다. 그런데 이 방면의 전문가들 중에는 이 동심원 무늬를 원시인들이 하늘의 별을 묘사한 것일 것이라고 가정하는 사람들이 있다.

암각화에 새겨 있는 동심원 무늬가 과연 고대인이 의도적으로 그려낸 별들일까? 먼저 그 암각화들이 있는 소재지[3]부터 알아 보자.

암각화의 동심원은 고대인들의 별인가? 이해할 수 없는 이상한 모양의 무늬를 가진 암각화 중에 유독 세 곳의 돌에는 동신원으로 곱게 새겨진 무늬가 있다. 지금까지 알려져 있는 세 곳의 위치는 다음과 같다.

(1) 경상남도 울산군 두동면 천전리(慶南蔚山郡斗東面川前里)
(이하 '천전리 암각화' 라고 약칭)

(2) 경상남도 함안군 가야읍 도항리(慶南咸安郡伽倻邑道項里)

---

3) 암각화 전문가들은 식별할 수 있는 명칭을 아직 붙이지 않고 있는 것 같다. 따라서 소재지의 리(里)를 명기하여 고유한 이름을 대신하기로 한다.

그림 3-3. 현재까지 조사된 한반도의 선사 시대 암각화 분포도[4)]

(이하 '도항리 암각화' 라고 약칭)

(3) 경상북도 고령군 개진면 양전리(慶北高靈郡開津面良田里)

(이하 '양전리 암각화' 라고 약칭)

도항리 암각화: 위의 다른 두 암각화보다는 '도항리 암각화' 가 가장 흥미 있는 연구 대상이다. 풍화 작용으로 만들어진 것 같은 몇 개의 직선으로 보이는 선을 제외하면 바위 면은 둥근 점들과 크고 작은 여러 개

4) 國民大學校 博物館, 『韓國의 先史時代 岩刻畵』(국민대학교 박물관: 서울), 1993, p. 8.

그림 3-4. 도항리 암각화. 수많은 작은 둥근 점들 사이에 여러 개의 동심원 무늬가 새겨 있다〔『한국의 선사시대 암각화』(1993)에서 옮김〕.

의 동심원으로만 채워져 있다.

우선, 『한국의 선사 시대 암각화』(1993)에 기술된 다음과 같은 내용을 먼저 소개해 보자.[5)]

> 이 암각화는 함안천(咸安川, 남강 지류) 유역의 넓은 평야 한가운데 발달한 낮은 구릉 그 끝 부분에 조성된 지석묘(支石墓)의 덮개돌〔蓋石〕에 새겨 있다. 이 돌은 긴쪽이 약 2.3m이고 짧은 쪽이 약 1.2m인 삼각형이다. 돌의 한가운데가 깨져 나감으로써 이 부분에 있던 무늬들이 없어지고 말았는데, 현재 보이는 부분에 7개의 동심원 무늬가 있고, 약 260여 개의 크고 작은 성혈(性穴, 둥근 점)이 조밀하게 새겨져 있다. 그리고 이 밖에도 왼쪽에 무슨 그림인지 알기 어려운 가는 직선이 그어져 있다. 그러나 그림 전체가 풍기는 분위기는 은하계의 천체도를 보는 듯한

5) Ibid., p. 10.

느낌을 준다.

위의 설명은 이 암각화를 아주 잘 묘사한 것이라고 믿어진다. 여기서 말하는 많은 성혈(性穴)들을 밤 하늘에 보이는 무수히 많은 별들이라고 가정한다면, 크게 그린 동심원 무늬들은 그 그림을 새긴 고대인들에게 깊은 인상을 준 특별히 밝은 별들일 것이라는 해석이 가능해진다. 다른 모든 암각화에 어김없이 있는 여러 가지 다른 문양이나 고대 명문(古代銘文)은 전혀 없고, 다만 점들과 동심원만으로 가득 채워진 그림이라는 사실은, 이 그림을 그린 고대인들은 틀림없이 뚜렷한 목적을 가지고 하늘에서 그림의 대상을 찾아 낸 것 같다. 둥근 점이 있는 그림이 다른 몇 개의 암각화에도 없는 것은 아니나, 그 점들은 모두 방패의 그림 속에 들어 있어서 '도항리 암각화'의 경우처럼 독립해서 찍힌 것은 아니다. 동심원의 무늬에도 뚜렷한 차이점이 발견된다. '천전리 암각화'나 '양전리 암각화'의 동심원은 전부 두 개 또는 많아야 세 개의 원이 작은 중심점을 둘러싼 것인 데 반하여, '도항리 암각화'의 것은 많으면 5~6겹으로 동심원을 만든 큰 것들이다. 또한 둥근 중심점은 아주 뚜렷하다.

국민대학교 박물관의 장명수 학예사가 만든 이 '도항리 암각화'의 탁본을 조사해 본 결과 점을 중심으로 원이 그려져 있는 것은 다음과 같은 17개에 이른다.

한 개의 원이 있는 수: 10개
두 개의 원으로 된 수: 2개
세 개의 원으로 된 수: 1개
네 개의 원으로 된 수: 2개
다섯 개의 원으로 된 수: 1개
여섯 개의 원으로 된 수: 1개

합계 17개

두 개 이상의 원으로 된 동심원이 공교롭게도 7개로서 사람들은 우선 우리들에게 친숙한 북두칠성을 연상하기 쉬우나, 이 7개의 배치는 지금 우리가 알고 있는 국자 모양과는 너무나 다르다. 그렇다면 이 7개의 무늬와 작은 원 10개, 그리고 나머지 크고 작은 둥근 점들은 무엇을 가리키는 것으로 보아야 하는가? 앞으로 풀어야 할 과제이다.

다른 암각화의 별들: 위에 소개한 '천전리 암각화'가 있는 위치에서 조금 더 북으로 가면 영일군 칠포면 칠포리(迎日郡 漆浦面 七浦里)에 속칭 농발재가 있다. 이 일대에도 많은 암각화가 1994년에 '포철 고문화연구회'에 의해서 조사된 바 있다.[6] 그들의 노력으로 수십 개의 암각화가 발견 또는 조사되었는데, 이 곳의 암각화는 앞에 소개한 세 곳의 암각화와는 달리 모두 깊게 판 바위 구멍이라는 특징을 가지고 있다. 이 구멍들은 어느 것이나 여러 겹의 동심원을 가지고 있는 것은 하나도 없다.

바위에 새긴 윷판: 윷판은 모두 29개의 표식을 그린 놀이 가구이다. 이 중에서 〔中〕으로 표시하는 가운데 1점을 빼면 나머지 숫자는 하늘의 28수를 나타낸다. 그러니까 윷놀이는 여러 가지 전통적인 놀이 중에서도 우주를 그려 보는 깊은 의미를 담고 있는 놀이이다. 이 윷놀이가 언제부터 시작되었는지는 정확히 알려져 있지 않으나 윷판이 새겨져 있는 바위가 여러 곳에서 발견되고 있다.

어떤 바위에는 북두칠성을 새기기도 하고, 또 다른 바위에는 복잡한 모양으로 하늘의 별들을 기록해 둔 것으로 보이는 흔적이 많다. 다른 지역에서 흔히 볼 수 있는 사람이나 동물 또는 주변의 어떤 형상 등과는 너무 판이하게 다르기 때문에 별 이외에는 다른 형태를 그려 볼 수 없는

---

6) 포철 고문화연구회, 『칠포마을 바위그림』(포철 고문화연구회: 포항), 1994. 포철 고문화연구회는 '바위그림'이라는 용어를 '암각화' 대신 쓰고 있다. 좋은 한국말이라고 공감하면서도 그림의 주체가 바위에 새겨진 그림이 아니라 바위 그 자체라는 인상을 주기 때문에 선뜻 받아들이기 어렵다.

그런 것들이다.

'진골' 마을 논발재 암각화들: 농발재에는 '오줌바우'라는 재미있는 이름이 붙은 바위가 있다. 이 바위에 우리의 시선을 끄는 복잡한 모양으로 새겨 놓은 그림이 있다. 새겨 있는 구멍의 수가 많고 그 크기와 배치가 다양하기 때문에 손쉽게 어느 별자리와 비슷하다고 연관짓기는 어렵지만 만일 이것들을 인위적인 것이라고 가정한다면 별을 상상한 고대인이 본 하늘임에 틀림없을 것이다.

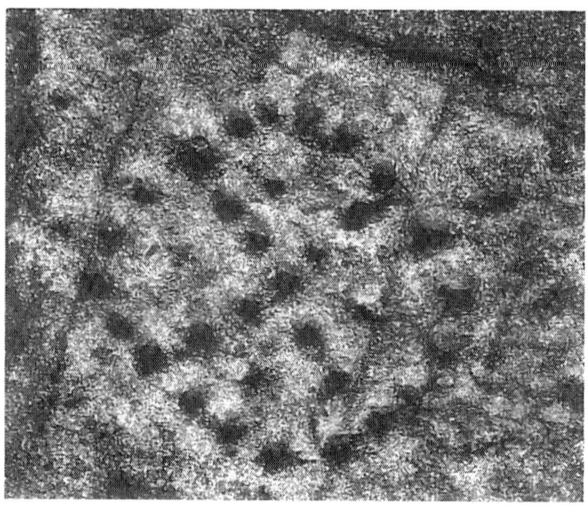

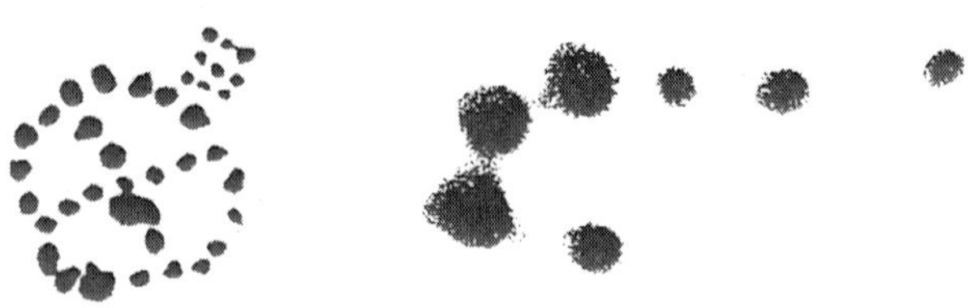

그림 3-5. 위는 안동 수곡리에 있는 윷판 그림이고, 아래 윷판과 북두칠성은 영일만 안쪽 '진골' 마을 가까운 곳에 있는 농발재의 바위에 새겨진 것이다(『한국의 암각화』, p. 133와 『칠포마을 바위그림』, p. 70, 80에서 옮김).

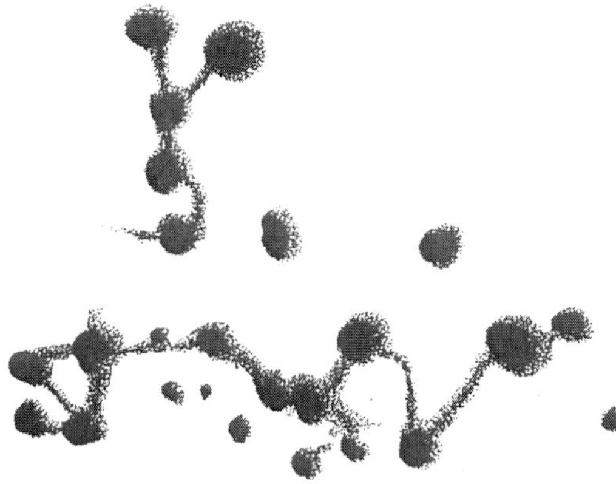

그림 3-6. 영일만 안쪽 '진골' 마을 가까운 곳에 있는 농발재에 있는 바위에는 도랑으로 연결한 구멍들이 있다(『칠포마을 바위그림』, p. 76에서 옮김).

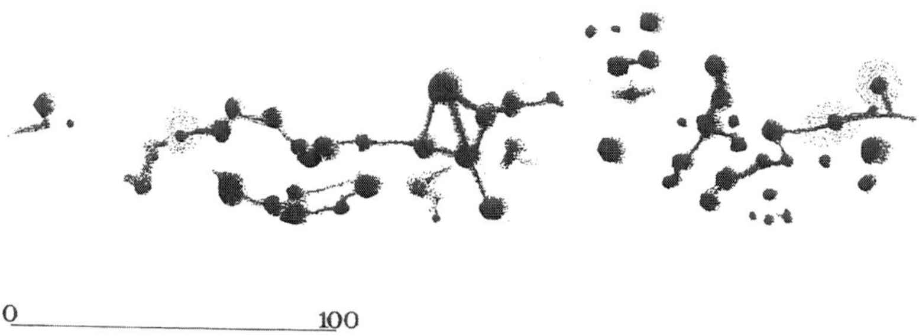

그림 3-7. 영일만 안쪽 '진골' 마을 가까운 곳에 있는 오줌바우의 암각화의 하나. 파 놓은 구멍의 크기와 배치의 다양함이 어느 별자리를 연상하게 한다(『칠포마을 바위그림』, p. 91에서 옮김).

2. 삼국 시대 이전의 별들

상고 시대에 한반도에 살았던 고대인들이 별들에 관하여 남긴 자료 중에서 가장 오래 된 것은 낙랑 시대의 고분에서 출토된 기원전 1세기경의 것으로 추정되는 2점의 토기에 남아 있는 달을 상징한 그림(그림 3-8)과 북두칠성이 새겨져 있는 두 개의 석판(그림 3-9와 3-10)을 들 수 있다. 불행하게도 이 4점의 유물들이 현재 어떤 상태로 어디에 남아 있는지 알 길이 없지만, 이 유물들을 처음 기술한 루훠스(W. C. Rufus)는 1910년대에 평양박물관 관장이었던 고이즈미(Mr. Koizumi)로부터 한국 천문 유물 중에서 가장 오래 된 것이라는 이야기를 들었다고 적고 있다.[7)]

그림 3-8. 달을 묘사한 낙랑 시대의 토반 2점(W. C. Rufus의 "Korean Astronomy"의 Fig. 8과 9를 옮김)

7) W. C. Rufus, "Korean Astronomy", *Transactions of the Korea Branch, Royal Asiatic Society*, Vol. 26, 1936, pp. 3–4.

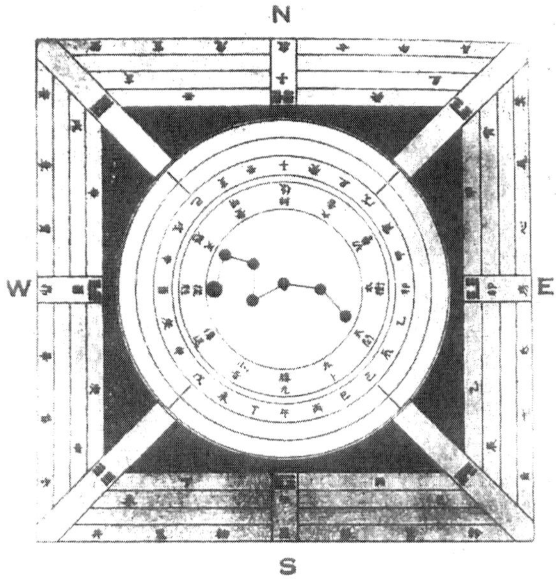

그림 3-9. 북두칠성과 방위가 있는 낙랑 시대의 석판을 보고 모사한 것(W. C. Rufus의 "Korean Astronomy"의 Fig. 10을 옮김)

그림 3-9는 비록 없어진 석판을 알아 볼 수 있도록 모사한 것이지만 검토할 가치가 있는 유물이다. 이 그림에 의하면 석판은 두 부분으로 되어 있다. 첫째는 네모난 판으로서 지구를 상징하며 동북서남의 네 방향을 나타낸다. 이 판이 가운데 있는 둥근 판을 받치고 있는데, 이 둥근 판은 하늘을 나타낸다. 바로 '천원지방(天圓地方)'을 의미하는 것이다.

3. 삼국 시대의 천문도

삼국 시대에 사용된 천문도는 과연 어떤 것이었을까. 대단히 불행하게도 그 시대의 것으로 현재 남아 있는 것은 하나도 없다. 기록으로만 남아 있는 것으로는 신라의 천문도로서

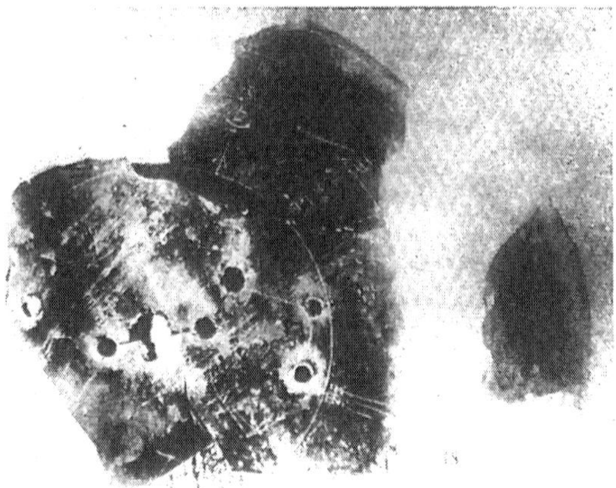

그림 3-10. 북두칠성이 그려져 있는 낙랑 시대의 깨진 석판(W. C. Rufus의 "Korean Astronomy"의 Fig. 11를 옮김)

> (신라) 효소왕(孝昭王) 1년(692) 8월. 고승(高僧) 도증(道證)이 당에서 돌아와 천문도를 올렸다(『삼국사기』 8: 6ㄴ).

라고 적혀 있다. 이 때 도증이 당나라에서 가지고 온 천문도에 관해서는 몇 가지 학설이 있다. 그 첫째는 '진탁(陳卓)의 성도와 다를 것이 없을 것' 이라는 全相運의 설[8]이고, 둘째는 '만약 책으로 된 것이라면 『보천가』였을 가능성이 있고, 도증이 귀국한 692년을 참작해 본다면 『敦煌星圖』 甲本이거나 乙本을 베껴 왔을 가능성이 높다' 라는 羅逸星의 설[9]이다.

---

8) 全相運, 『韓國科學技術史』(正音社: 서울), 1984(중판), p. 42.

9) 나일성, 「『천상열차분야지도』와 각석 600주년 기념복원」, 『동방학지』 93, 1996, p. 59.

3-1. 고분 벽화로 남아 있는 별들

지금은 중국 땅이 되어 버린 만주의 집안(輯安) 지역과 평양 안악(安岳) 일대에는 벽화가 있는 고구려 무덤만 하더라도 90개가 넘는다. 이 중에서 해 · 달 · 사신도(四神圖) 또는 갖가지 별들이 그려져 있는 무덤은 모두 19개 이상이나 알려져 있다. 고구려 고분 벽화에 있는 천문과 관련 있는 그림의 특징을 몇 가지로 나눠서 살펴보자.

해와 달: 무덤에 들어가 보면, 해는 동쪽 벽에 달은 서쪽 벽에 각각 그려져 있다. 이는 무덤 안에서의 방향을 표시하기 위해서이다. 해와 달은 크기가 같은 원으로 되어 있는데, 해를 나타내는 원 안에는 발이 3개

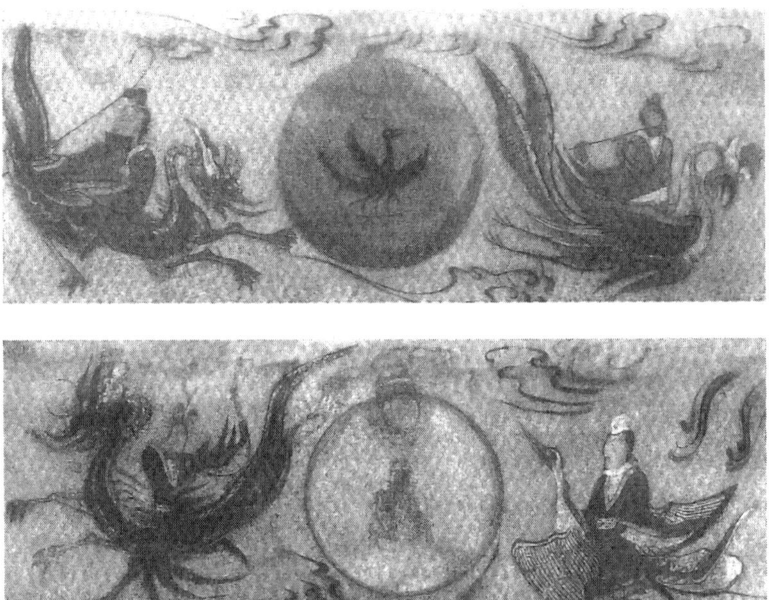

그림 3-11. 위는 발이 3개 달린 검은 새가 있는 해이고, 아래는 두꺼비가 있는 달이다.

인 검은 새 한 마리가 있고, 달을 나타내는 원 안에는 두꺼비 한 마리가 그려져 있다(그림 3-11 참조).

달에 두꺼비와 토끼가 함께 그려져 있는 무덤도 있는데, 그 좋은 예가 중국 길림성 집안현 장천에 있는 5세기의 장천1호무덤(長川1號墳)에 있는 그림이다. 달 속에 토끼만 있는 고구려 고분 벽화는 아직 알려져 있지 않다. 따라서 토끼만이 등장하는 시기가 언제부터인가를 찾아 내는 일은 연구 과제로 남아 있다.

북두칠성(北斗七星): 북두칠성의 그림은 여러 무덤에 있다. 대개는 천장에 있는데, 웅장한 모습으로 크게 그린 북두칠성이 중국 길림성 집안현 덕화리(輯安德花里) 제1호 무덤(5~6세기)과 덕화리(德花里) 제2호 무덤(6세기)의 현실(玄室) 북쪽 벽에 각각 있다(그림 3-12 참조).

견우와 직녀: 견우와 직녀의 그림이 덕흥리 무덤(德興里古墳, 408年)의 앞 칸(前室) 남쪽 벽에 있다. 이 그림은 지금까지 알려져 있는 견우와 직녀의 그림 중 가장 오래 된 것이다. 직녀의 발 밑을 지나는 은하수 강이 견우와 직녀를 갈라 놓고 있다. 견우는 황소 한 마리를 끌고 가는데, 직녀는 그 뒷모습을 바라보고 있고, 그 뒤를 강아지 한 마리가 지켜보고 있는 모습이 재미있다(그림 3-13 참조).

사신도(四神圖): 무덤 속은 모두 네모꼴이며, 동북서남이 벽이다. 무덤 속에서는 이 네 방향을 알아 볼 수 없다. 그래서 각 방향마다 무슨 표시가 필요했을 것이다. 이 시대에는 이 네 방향 표시로 동물의 그림을 그려 두었다. 즉 동쪽 벽에는 청룡(靑龍), 북쪽 벽에는 현무(玄武, 거북), 서쪽 벽에는 백호(白虎), 남쪽 벽에는 주작(朱雀, 붉은 새)을 그린 것이다. 이 네 동물을 사신(四神)이라고 하며, 그 그림을 사신도(四神圖)라고 한다.

고구려 초기의 사신도는 좀 조잡하게 그려져 있는데, 그 후 6~7세기가 되면 화려하고 섬세해진다. 그리고 출입문은 무덤의 남쪽 벽에 있기

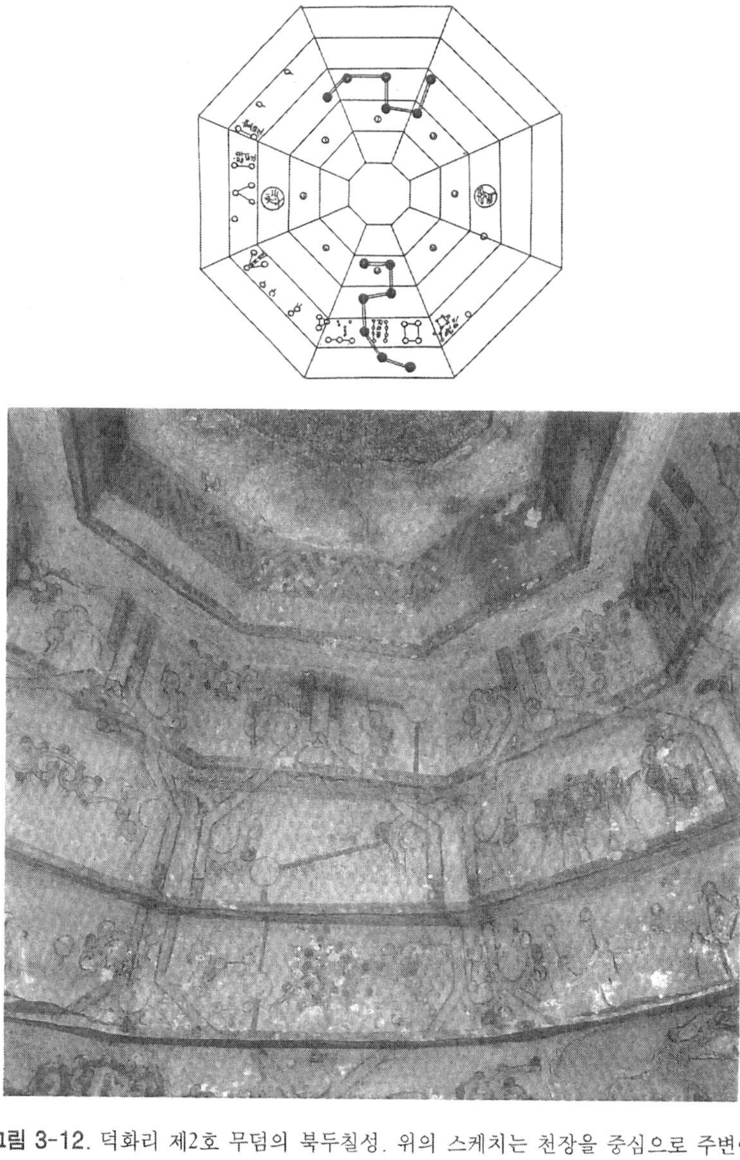

그림 3-12. 덕화리 제2호 무덤의 북두칠성. 위의 스케치는 천장을 중심으로 주변에 있는 28수의 일부이다.

그림 3-13. 덕흥리 무덤에 있는 견우와 직녀

때문에 6세기까지의 주작은 문 위에 한 마리가 있는 데 반하여 7세기 이후에는 문 양옆에 각각 한 마리씩 서로 마주 보며 두 마리가 서 있다. 그 좋은 예가 7세기의 것으로 추정되는 집안 강서 중무덤(輯安江西中墓)과 집안 강서 큰무덤(輯安江西大墓)이다. 따라서 사신도의 이러한 변화는 시대를 구별하는 좋은 표식의 역할을 한다. 사신도가 있는 무덤은 중국에도 있으나 그 수는 고구려와는 비교할 수 없을 정도로 적으며, 일본에는 2기만이 발견되고 있을 뿐이어서 고구려의 사신도의 역할은 대단히 중요하다.

그림 3-14. 고구려 고분 벽화 중에서 가장 좋은 사신도

백호의 머리는 어느 무덤에서나 다 남쪽을 향하고 있는데, 6세기경의 것으로 추정되는 집안 진파리 제1호 무덤(輯安眞坡里第1號墳)에 그려져 있는 백호만은 북쪽을 향하고 있다. 최근에 발견된 일본의 '기또라 고분'에서 발견된 백호도 북쪽을 향하고 있어서 큰 화제가 된 바 있었다.

3-2. 고구려 석각천문도

고분 벽화에 있는 별자리와는 달리 전체 하늘의 별을 기록한 완전한 석각천문도도 고구려에는 있었으나 서기 668년경 전쟁으로 대동강에 빠뜨려 잃어버렸다. 후대인 조선 초기의 기록이기는 하나 권근(權近)의 『양촌집(陽村集)』 天文圖詩와 이를 인용한 『대동야승(大東野乘)』 5:

219에 분명한 기사가 있는데, 그것은 각석된『천상열차분야지도』論天 아래 단에 있는 다음과 같은 내용과 거의 같은 것이다.

> 이 천문도 석각본은 예전에 평양성에 있었는데, 전쟁이 일어나 강에 빠져 없어졌다. 오랜 세월이 이미 지났기에 그 인본(탁본)을 가진 사람조차 없어지고 말았다. 그런데 전하께서 임금이 되신 초기에 그 인본 하나를(전하께) 바친 자가 있어서 전하께서는 보물처럼 중하게 받았다.
>
> 右天文圖石本舊在平壤城因兵亂 于江而失之歲月旣久其印本之存者亦絶無矣惟我殿下受命之初有以一本投進者殿下寶重之.

이 인본(탁본을 뜻함)에 따라 그대로 똑같은 석각천문도를 만들려고 했더니, 그 인본에 그려져 있는 별들의 위치는 조선초의 위치와는 너무 다르다는 사실을 알게 되어 새로운 중성기(中星記)를 만든 후인 태조 4년(1395)에야 비로소 천문도를 새로 각석하게 된 것이다. 이 일련의 사실을 통해 우리는 고구려에 있었던 잃어버린 천문도는 지금 우리가 보는 1395년의 천문도와 기본적으로 같다는 사실을 알게 된다.

고구려에 이런 훌륭한 천문도가 있었다는 사실은 놀라운 일이다. 흔히 별과 별자리 이름은 중국에서 만든 것이라고 생각해 왔다. 그러나 고구려의 천문도를 안 후부터는 고구려도 고대 동양의 별자리 형성기에 중국 못지않는 역할을 했었다고 생각하게 된다. 왜냐하면 고구려의 천문도와 같은 훌륭한 천문도는 그 당시 중국에는 없었기 때문이다. 반내(潘鼐, Pan Nai)의 추정에 의하면, 몇 개의 수거성(宿距星)의 위치는 진탁(陳卓)이 살았던 3세기의 것이며, 이름이 조금씩 변한 점으로 미루어 고구려 천문도는 분명히 당대(唐代) 이전의 것이다. 현재 중국의 가장 오랜 천문도로는 돈황성도 갑본(敦煌星圖甲本)이라고 알려져 있는데, 이것은 수(宿)별로 길게 배열한 것일 뿐 고구려의 천문도에는 미치지 못한다.

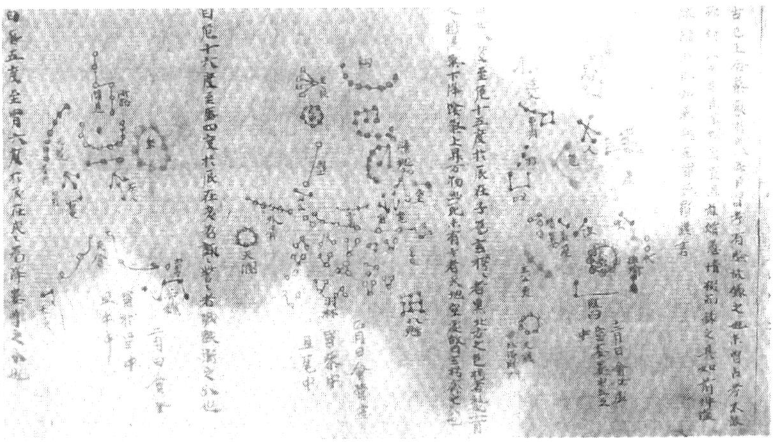

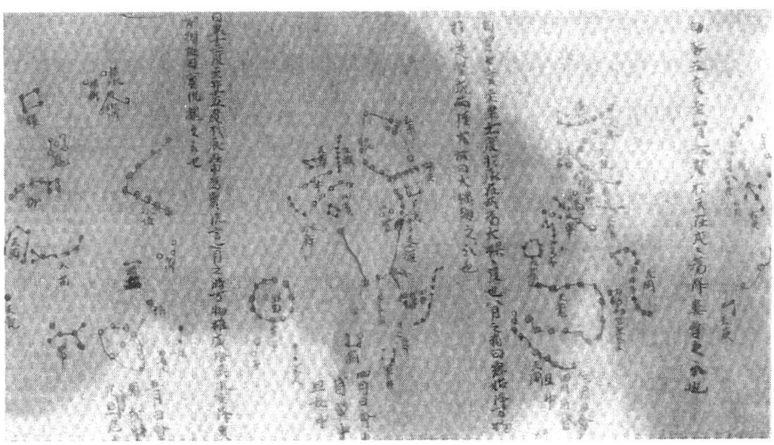

그림 3-15. 중국 당나라 초기의 천문도인 『돈황성도(敦煌星圖)』의 일부분

4. 고려의 천문도

통일신라까지 굴복시키고 한반도를 통일한 고려(918~1391)는 일월식을 비롯하여 여러 가지 천문과 기상 현상을 관측하여 풍부한 기록을 후세에 남기고 있다.[10] 고려 475년 간 기록한 일식과 월식은 각각 135건과 226건에 이르며, 태양 흑점의 관측을 비롯하여 혜성과 유성 등의 출현의 기록 또한 방대한 양에 이른다. 고려인들은 제2장에 이미 소개한 바 있는 첨성대에서 활발한 관측 활동을 했었음이 분명하다.

이상과 같은 정황으로 볼 때 고려인들이 천문도 제작에도 열심이었을 것으로 생각되나 결과는 의외로 실망스럽다. 지금까지 남아 있는 천문도가 단 하나도 없기 때문이다.

4-1. 천문도에 관한 기록

고려 시대의 천문도에 관한 공식적인 기록으로서 찾아 낼 수 있는 것은 오윤부(伍允孚, ?~1305)가 제작했다는 짧은 기록[11]인

> 일찍이 스스로 천문을 그려 바쳤더니 日者가 다 취하여 이를 본받았다.
> 自圖天文以獻日者皆取法.

와 봉선사에 천문도가 있었다는 기록[12]

---

10) 고려 시대의 천문과 기상 현상이 수록되어 있는 문헌으로는 『高麗史』, 『天東象緯考』, 『增補文獻備考』 등이다.

11) 『高麗史』 122: 25ㄱ.

12) 『高麗史』 世家 41: 12ㄴ.

(공민왕 4년) 7월 무인에 봉선사에 나아가 성상도를 보았다.
七月 …… 戊寅幸奉先寺觀星象圖.

의 두 기록이 『고려사』에 있을 뿐이다. 지금도 개성에 남아 있는 고려의 첨성대[13]를 비롯하여 자체적으로 일월식을 계산할 만큼 천문학을 발전시킨 사실을 감안한다면 고려인들이 다양한 종류의 천문도를 가졌으리라고 짐작할 수 있다. 다만 이를 드러내 보일 자료가 불행하게도 남아 있지 않다는 사실이 안타까운 일이다. 따라서 오윤부가 제작했다는 천문도나 봉선사의 성상도(星象圖)가 과연 어떤 종류의 것이며, 그 크기나 내용에 대해서 단서가 되는 자료의 출현을 바랄 뿐이다.

루훠스[14]는 『고려사』 열전과 세가편에 있는 오윤부에 관한 기록을 간추려서 영어로 번역하고, 몇 마디 더 첨가한 다음과 같은 글을 남겼다:

그(오윤부)는 믿을 만한 관측자였다. 날씨가 대단히 추운 날이나 더운 날을 가리지 않고, 그는 밤새도록 관측하는 데 게을리 하지 않았다. 그는 천문도를 제작하고 그 속에 우주의 조화를 보였다고 한다. 그는 점성가로서도 널리 알려졌다. 그래서 중국의 황제도 그의 도움을 요청했는데, 그의 예언은 모두 적중했다.

이 글을 참작해 보면 오윤부가 제작한 천문도는 고려 시대의 천문도를 대표하는 훌륭한 것이었을 것이라는 짐작이 간다.

---

13) 홍현선, 「국내 최초 북한과학문화재 "고려 첨성대" 복원 전시」, 『월간 과학관소식』, 1997년 2월호, p. 3. 이 호의 pp. 1-2에는 나일성의 「고려첨성대 복원의 의의」도 있다.

14) W. C. Rufus, "Korean Astronomy", *Transactions of the Korea Branch, Royal Asiatic Soc.*, Vol. 26, 1936, p. 21.

4-2. 구리 거울

한편 천문도와 간접적으로 관련이 있는 것으로서 고려의 구리 거울(銅鏡)이 있다. 1950년의 6·25 전쟁 때까지만 하더라도 개성(開城)박물관에 고려인들이 생각한 태양, 팔괘(八卦), 십이신(十二神), 이십팔수(二十八宿) 등의 모양을 보여 주는 동경 하나가 남아 있었다[15), 16)]고 전해 오고 있으나 지금까지 잘 보존되어 있는지의 여부는 확인되지 않고 있다.

그림 3-16. 개성박물관에 있었다는 고려의 동경(왼쪽)과 전상운이 소장하고 있는 동경(오른쪽)

15) Ibid., Fig. 23.

16) 全相運, 『韓國科學技術史』(正音社: 서울), 1984(증판), p. 43.

17) 이태호 · 천득염 · 황호균 · 유남해, 『운주사』(대원사: 서울), 1995, pp. 110–111.

4-3. 운주사의 칠성바위

최근에 고려의 별자리와 관계 있는 대단히 흥미 있는 사실이 알려졌다. 그것은 전라남도 화순군 도암면에 있는 운주사(雲住寺) 경내의 숲속에서 7개의 큰 바윗돌이 발견되었다. 이 돌들은 묘하게도 북두칠성을 상징하는 모양으로 배열되어 있다. 이태호 등[17]이 조사한 칠성바위의 배치(그림 3-17 참조)를 보면, 북두칠성(北斗七星)의 4번째 별인 천권(天權, 큰곰 δ별)의 위치가 약간 이상하게 보일 뿐 대체적인 모습은 북

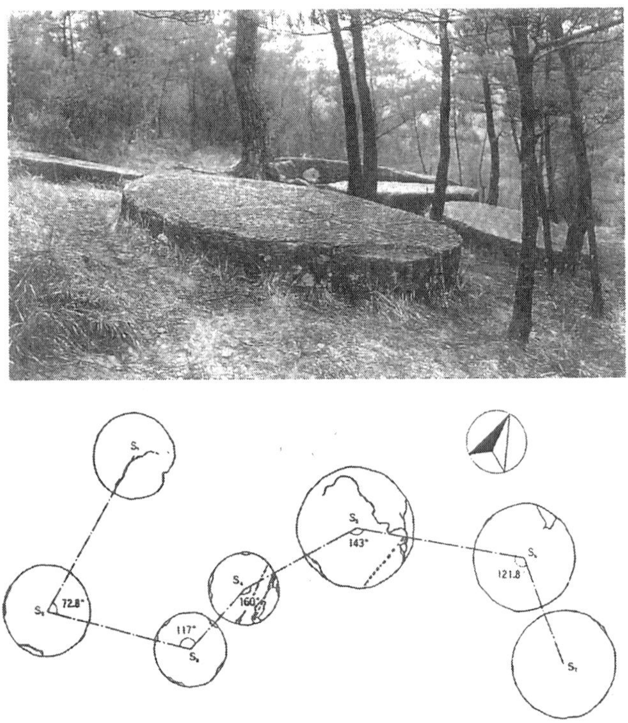

그림 3-17. 전라남도 화순군 도암면 소재 운주사 경내에 있는 칠성바위(위)와 돌들이 놓인 배치(아래)(이태호 등의 『운주사』, pp. 110-111의 그림을 옮김)

두칠성을 잘 표현하고 있다. 이 위치는 아마도 오랜 세월을 지내는 동안 지반 변동 때문에 생긴 것인지도 모른다. 그림 3-17에 보이는 것과 같이 산의 경사에 따라서 돌들도 기울어 있다. 6번째 별(開陽, Mizar, 큰곰 ζ 별) 옆에 보성(輔星, Alcor)이 하나 더 있었다면 북두칠성을 더 완벽하게 상징한다고 하겠으나, 다른 데서는 그와 같은 사례를 찾아볼 수 없는 독창적인 작품임에는 틀림없다.

4-4. 고분 벽화의 별들

고려 시대가 되면 고구려의 웅장했던 고분들은 축소되고, 그 안에 그린 그림도 작고 또 간단해진다. 그러나 고려의 고분에도 별이 그려져 있는 것이 있다. 그것은 경기도 파주군 서곡리에서 발굴된 고려의 문신 권준(權準, 1281~1352)의 무덤이다(그림 3-18 참조). 무덤의 천장 덮개돌에는 북두칠성과 4개의 별이 있다. 벽면에는 사신도는 없고 주인공과 그의 신하로 추측되는 두 사람의 초상화가 그려져 있다. 별을 그려 무덤 속을 장식하던 전통은 이로서 끝을 맺은 셈이다.

5. 조선 전기의 천문도, 『천상열차분야지도』

새 왕조를 세운 이성계와 그의 개국 공신들에게는 국왕으로서의 이성계의 위상을 만들어 내는 일에 어려움이 많았다. 그런 상황에 나라를 세운지 몇 해 되지 않은 초기에 뜻하지 않았던 희소식이 이성계에게 전달되었다. 그 때까지 있으리라고 생각도 하지 못했던 고구려의 천문도 석본의 인본(印本)이 나타난 것이다. 이것은 이성계에게 있어서 무력이나 정치적 수완과는 전혀 다른 차원의 그러나 어찌 보면 영향력이 더 있는 무기로 받아들여졌을 것이다. 하늘의 뜻을 백성 앞에 펴는 권위를 가진 천자(天子)의 체통에 꼭 맞는 천문도(天文圖)가 그의 손에 들어왔으니

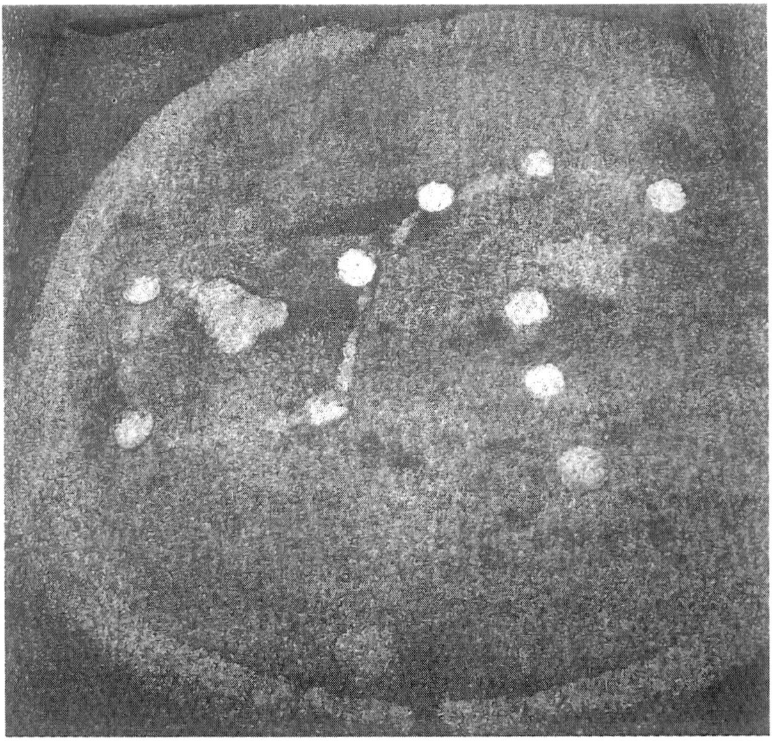

그림 3-18. 경기도 파주군 서곡리 산 112에 있는 권준(權準)의 묘 천장에 그려져 있는 칠성도

이성계의 기쁨이 얼마나 컸었겠는가. 따라서 '전하보중지(殿下寶重之)'라고 쓴 권근(權近)의 말은 적절한 표현인 것이다.

고구려의 천문도 인본과 이성계의 극적인 만남은 실로 큰 의미를 갖는다. 이성계에게는 과학적 가치 판단이 있었던 것은 아니었지만, 뒤에 기술할 『천상열차분야지도』라는 세계적인 천문도의 제작으로 결실을 맺게 된 것은 과학사에 특기될 일이다. 더 나아가서, 돌에 새긴 하나의 천문도로서의 가치를 넘어서, 『천상열차분야지도』는 조선의 건국 초기의 정신적 기틀을 마련하는 데 이바지한바, 결국 세종이 과학 정책을 실현시키는 기폭제 역할이 된 전통을 확립한 것이라고 확대 해석이 가능하다.

한편 고구려의 천문도가 이렇게 조선 초기에 지대한 영향을 미친 사실을 생각해 보면 볼수록 고구려를 이은 왕조인 고려에 이렇다 할 천문도가 발견되지 않고 있는 것은 아직도 우리의 연구가 이에 미치지 못한 탓인가.

5-1. 태조 4년(1395)과 세종 15년(1433)의 각석

『천상열차분야지도』 각석에는 완성된 시기가 홍무(洪武) 28년 12월이라고 새겨져 있는데, 이 중국 연호는 태조 4년(1395)에 해당한다. 이 일의 총 책임자는 권근이었고, 그를 도운 사람들 11명을 합한 12명의 이름은 다음과 같다.

권근(權近), 유방택(柳方澤), 설경수(薛慶壽), 권중화(權仲和), 최융(崔融), 노을준(盧乙俊), 윤인용(尹仁龍), 지신원(池臣源), 김퇴(金堆), 전윤권(田潤權), 김자수(金自綏), 김후(金候)

이 천문도가 새겨져 있는 돌판은 벼루를 만드는 데 사용되는 검은 돌인데,[18] 그 크기는

높이 = 211cm   너비 = 122.7cm   두께 = 11.8cm

이며, 무게는 약 1톤이다. 현재 이 돌판은 국보 제228호로 지정받아 덕

18) 나일성은 전상운의 추정에 따라 흑요석이라 하였으나, 이것은 분명히 검고 딱딱한 오석(烏石)은 아니며 돌의 학명은 확실하지 않다. 『동방학지』 제93집, pp. 68-69.

수궁 궁중유물전시관에 잘 전시되어 있으나 풍상에 마모되어 눈으로는 내용을 거의 알아 볼 수 없는 상태이다(그림 3-19 참조).

돌판의 양쪽 면은 지금처럼 광택이 날 정도로 잘 연마된 것은 아니지만 옛날 기술로는 꽤 잘 된 것이다. 돌판의 앞뒤 두 면에 각각 천문도가 새겨져 있는데 그 내용은 완전히 같으나 배열이 서로 다르다. 그리고 한 쪽을 바로 세우면 다른 쪽은 거꾸로 되게 만들었다(그림 3-20 참조). 따라서 둘 중 어느 한 면의 것이 마지막 완성품으로 보인다. 이렇게 서로 상하를 달리한 두 면의 천문도가 왜 만들어지게 된 것인가에 대해서는 몇 가지 가설이 있다.

첫째 가설은 두 면의 천문도는 양쪽 모두 태조 4년에 새긴 것이다. 이것은 지금까지 알려져 있는 통설이다. 그렇다면 왜 두 면에 새겼을까.

그림 3-19. 『천상열차분야지도』 태조-세종본(국보 제228호)(남문현, 『한국의 물시계』, 화보 5를 옮김)

한 면에 새겨 있는 글자수만 하더라도 총 2,932자이고 별의 갯수는 1,467개나 되니, 두 면의 것을 합하면 5,864자와 2,934개의 별이다. 그 어려운 건국 초기에 이렇게 엄청난 작업을 할 필요가 있었겠는가 하는 의문을 지울 수 없다. 뿐만 아니라 세종 15년에도 새 천문도를 돌에 새겼다고 하는 기록이 『증보문헌비고』에 다음과 같이 남아 있다.[19)]

> (세종) 15년(1433)에 신법천문도를 세웠다. 임금이 고금의 천문도를 가지고 그 28수의 경도와 12차(次)의 교궁수도를 살폈다. 그리고 시간에 맞게 측정한 것을 만들어 돌에 새겼다.
>
> (세종)十五年建新法天文圖. 上裁酌古今天文圖其二十八宿距度及十二次交宮宿度. 依授時所測勒成鐫于石.

그렇다면 세종 15년에 만든 돌에 새긴 이 신법천문도는 어디 있는가, 이 세종의 천문도는 태조의 것과 전연 관련이 없는 것인가 등등의 의문이 제기된다. 이와 같은 의문을 풀어 보려고 둘째와 셋째 가설이 제안되었다.

둘째 가설은, 태조 4년은 종이 위에만 천문도를 그린 시점이고, 국내외의 어려운 상황 때문에 각석하는 데까지는 미치지 못했을 것이라는 것이다. 돌판에 새기게 된 것은 나라 사정이 좋아지고 국력이 신장된 세종 15년(1433)에 와서야 가능했을 것이라는 박성래 교수의 가설이다. 이 가설은, 태조 4년에 만든 것으로 알려지고 있는 국보 제288호 『천상열차분야지도』 각석은 태조 4년에 만든 것이 아니라 바로 위에 보인 『증보문헌비고』의 기록이 가리키는 세종 15년에 만든 것이라는 주장이다. 그의 제안으로 일단 없어진 것으로 알고 있던 세종 15년의 천문도가 존재하게 되었다. 그러나 첫째 가설과 마찬가지로 두 면에 그 방대한 양의

---

19) 『증보문헌비고』 상위고 2: 31ㄴ.

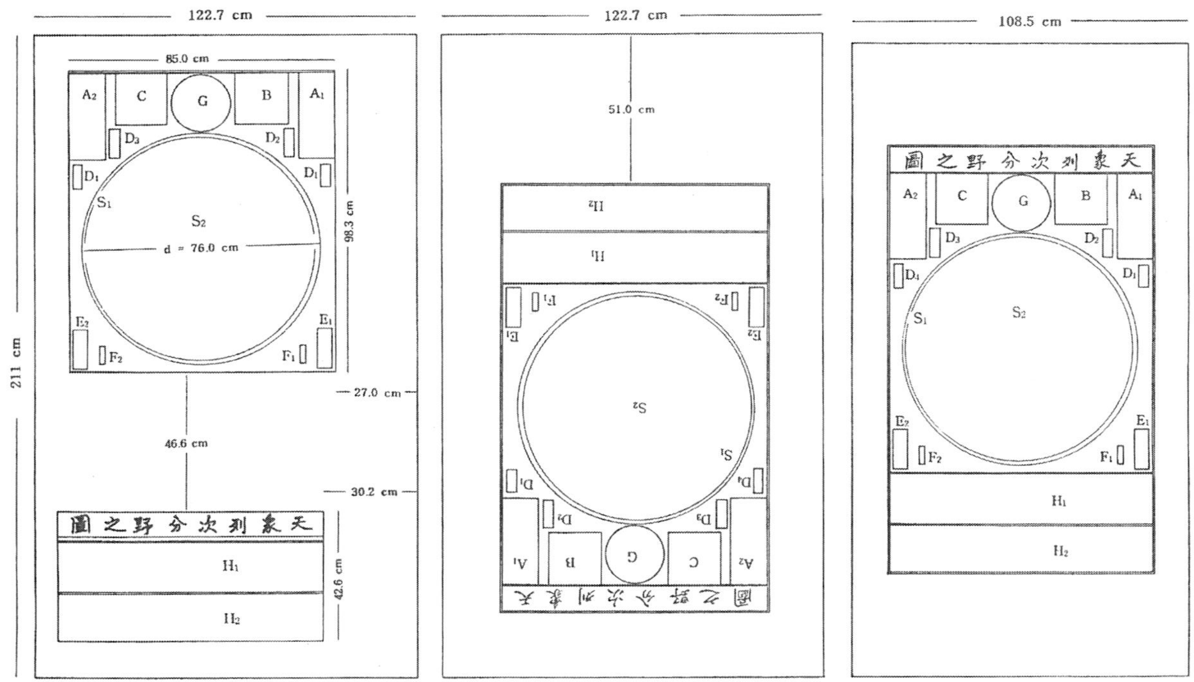

(A면) (B면) (C)

그림 3-20. 『천상열차분야지도』 태조본(A면), 세종본(B면), 그리고 숙종본(C)의 비교(나일성, 『동방학지』 93집, p. 70, 그림 15를 옮김)

작업을 왜 했는가 하는 의문과, 왜 두 면의 천문도가 서로 거꾸로 새겨졌는가 하는 의문의 해답은 되지 않는다.

셋째 가설은 나일성의 것인데, 그에 의하면 그림 3-20에 제시한 A면이 태조 4년의 천문도이고 B면이 세종 15년의 천문도라는 것이다. 둘 다 한 개의 돌의 앞뒤 면에 각각 새긴 것이라는 것이다.[20] 그렇게 생각하는 이유는 A면과 B면은 내용의 배치가 다를 뿐만 아니라 상하 방향도 서로 반대이기 때문이다. A면의 태조본은 천문도의 내용이 아래위 두 부분으로 어색하게 분리되어 있다. 두 부분 간의 간격은 46.6cm나 되어 같은 면에 만든 천문도로는 짜임새가 없다. 그렇게 된 것은 백성들에게 빨리 보이기 위해서는 서둘러야 했기 때문이거나 고구려 천문도가 그런 배치였던 것일 수도 있다. 그런 데 반하여, B면은 둘로 분리된 것을 하나로 모아서 연결하였고, '天象列次分野之圖' 8자를 보기 좋게 위로 옮김으로써 균형을 바로잡았고 전체적으로 구성미가 돋보이게 하였다. 이것이 정국이 안정된 시기인 세종 15년의 작품인 것이다. 새로 균형을 잘 잡은 면을 돋보이게 하기 위해 A면과 구별하여 상하를 뒤바꾼 것일 것이다. 이런 연유로 할아버지와 손자의 작품이 하나의 돌판에 공존하게 되었다는 것이 이 가설의 특징이다.

5-2. 선조 4년(1571)의 목판본

태조와 세종의 돌판에 새겨 있는 천문도는 많은 사람들의 흥밋거리가 되어 세도 있는 사대부 사람들은 탁본을 만들어 집에서 하늘을 보는 데 이용했다. 그러나 탁본을 만드는 일은 돌판이 크기 때문에 쉬운 일이 아니었다. 이에 선조 때 관상감은 세종본과 똑같은 모양으로 목판을 만들어서 120장을 인쇄하여 공신들에게 나누어 주었다. 이것을 『천상열차분

20) 나일성, 『동방학지』 93집, pp. 69-101.

야지도』 목판본이라고 하는데, 일본에 겨우 한 장이 남아 있을 뿐이다. 현재 국내외에 있는 많은 천문도는 전부 세종대와 그 후 다시 복각한 숙종대의 각석에서 탁본한 것일 뿐 목판본은 아니다.

과연 선조 4년에 목판으로 인쇄된 120장 중 한 장이 바로 일본에 보존되어 있는 그것이라고 가정하면, 그 많은 천문도가 어떻게 분배되었으며 또 왜 이것이 탁본보다 더 희귀한지 궁금한 일이다. 선조 4년 4월에 13일 간격으로 다음과 같이 기록된 실록만으로는 120장의 행방이 분명하지 않다.

> (선조 4년 4월 17일 무신) 관상감이 천문도 120장을 정원에 진상하면서 말하기를 "남아 있는 천문도의 수는 30건입니다. 문신 2품 이상이 51명인데 그 중에서 30명을 선택했습니다" 하니, 왕이 알았노라고 전하였다.
> (戊申)觀象監天文圖一百二十軸 進上政院 啓曰 天文圖餘數三十件 而文臣二品己上五十 一員 而其中三十員落點 傳曰知道. 『선조실록』(권5: 6ㄱ).

> (선조 4년 4월 30일 신유) 천문도를 받은 3인은 박응남, 노수신, 유희춘이다.
> 辛酉 天文圖受賜者三人朴應男, 盧守愼, 柳希春. 『선조실록』(권5: 7ㄱ).

5-3. 숙종 13년(1687)의 복각

태조 4년과 세종 15년으로부터 각각 292년과 254년이 경과된 숙종 13년(1687)에는 본래 돌판이 심하게 상하고 글자와 별은 알아 보기 어려울 정도로 마모가 심했다. 그래서 탁본을 떠서 새 돌판에 새기게 되었다. 이것을 숙종 때의 『천상열차분야지도』라고 하며, 보물 제837호로 지정되어 세종대왕기념사업회 박물관에 소장되어 있다(그림 3-21 참조).

형태는 그림 3-20의 C와 같아서, 나일성이 제안한 세종본을 그대로

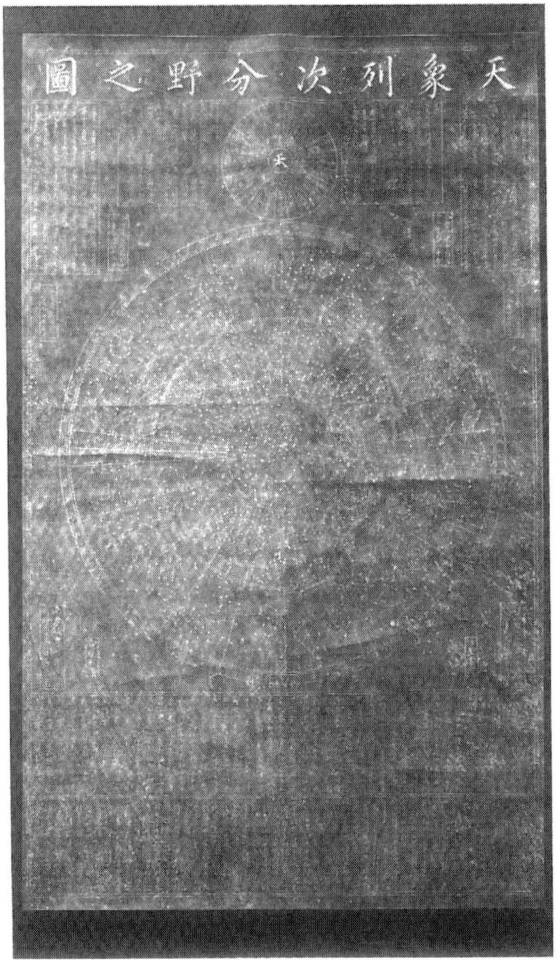

그림 3-21. 『천상열차분야지도』(보물 제837호). 숙종본의 최근 탁본

옮긴 것이다. 돌은 흰 대리석이며, 크기는

높이 = 208cm　　넓이 = 약 109cm　　두께 = 30cm

이다. 두께가 태조본보다 약 3배 가까이 되기 때문에 세워 놓으면 훨씬 안정되어 보인다. 그러나 돌의 바탕이 흰색이기 때문에 글자와 별을 읽기 어렵고, 또 사진에도 거의 찍히지 않는다. 뿐만 아니라 이 돌도 표면이 점차 부식되기 시작하기 때문에 표면에 보존 처리를 해야 될 형편에 있다.

5-4. 600주년 기념 복각과 그 후의 복각

태조 4년(1395)으로부터 600년이 되던 1995년에 '태조의 각석 600돌'

그림 3-22. 나일성이 1999년에 만든 『천상열차분야지도』 복각품 제3호의 앞뒤 면. 오른쪽 면에 새긴 것이 태조본이고, 왼쪽 면에 새긴 것이 세종본이다(나일성천문관 소장).

을 기념하여 7월에 경주에 있는 신라역사과학관에 한 개와 같은 해 12월에 연세대학교 박물관에 또 하나의 『천상열차분야지도』 각석이 필자의 고증으로 복각되었다. 그리고 4년 후인 1999년에는 나일성천문관에 3번째 복각이 완성되었다. 이 3점의 각석은 모두 검은 오석이며, 그 크기는 대략 태조본과 같으나 두께만 25cm로 두껍게 하였다. 뿐만 아니라 돌판의 앞뒤 면에 태조-세종본을 각각 새겼으나 사람들이 보는 데 편리하도록 두 천문도의 상하를 똑같이 바로 하였다(그림 3-22 참조).

6. 조선 후기의 각종 신법천문도

조선의 대표적인 천문도인 『천상열차분야지도』의 절대적인 권위는 그로부터 300여 년 만인 18세기에 들어서면서 그 빛을 잃어 갔다. 그 이유는 명나라에 서양으로부터 천문학에 능한 예수회(Jesuit) 교단의 선교사들이 망원경과 천문 서적들을 가지고 와서 동양의 천문도와 서양의 천문도를 비교하는 작업을 하기 시작했기 때문이다. 그 결과 그들은 동양의 전통적인 천문도에 있는 별자리 중에서 보이지 않는 별들[21]을 과감하게 제거하는 동시에, 그 때까지 알지 못했던 남극에 가까운 별들을 새로 도입한 새로운 천문도를 제작하였다. 서양 선교사들이 만든 이런 천문도는 북경으로 갔던 조선의 사신들에 의해 국내에 수입되었다. 그리고 관상감은 그들 나름대로 연구하여 독자적인 방식으로 우수한 천문도를 하나씩 만들기 시작하였다.

서양의 영향을 받은 천문도가 새롭게 각광을 받게 된 이유는 또 있다.

---

21) 북경이나 한양은 북위 40도 가까이 됨으로 적위 -50도 이남의 별들은 전혀 볼 수 없다. 그럼에도 불구하고 『천상열차분야지도』를 비롯하여 거의 모든 중국의 고대 천문도에는 남쪽의 볼 수 없는 별들이 그려져 있다. 서양 선교사들은 이런 별들을 지워 버리고 새 별들을 도입하였다.

첫째는 망원경으로만 볼 수 있는 해와 달의 표면, 수성과 금성의 위상 변화, 화성 목성 토성의 표면, 그리고 목성과 토성의 달들이 이 천문도에 소개되어 있는 것이다. 이것은 당시의 관상감의 측후관들에게 큰 충격을 주었을 것이다. 둘째는 서양 천문도에 기입되어 있는 별들은 모두 히팔쿠스(Hipparchus)의 방식에 따라 그 밝기를 알아 볼 수 있는 등급별로 표시되어 있다. 가장 밝은 1등성은 크게, 가장 희미하게 보이는 6등성은 제일 작게 구별하여 기입하였다.

조선의 관상감이 서양의 영향을 받아 만든 천문도에는 신법(新法)이라는 수식어를 첨부하였다. 세종 15년의 천문도에도 이 신법이라는 글자가 들어 있기는 하나 그 의미는 다르다. 이제 조선의 신법천문도들을 기술하기에 앞서 중국으로부터 수입한 천문도를 먼저 소개해 보자.

6-1. 중국에서 수입한 서양식 천문도

서양의 영향을 받은 새 천문도가 중국으로부터 수입된 사실에 관하여는 『증보문헌비고』와 『실록』, 그리고 『승정원일기』 등에 그 기록이 있다. 그 내용을 시대별로 구분하여 소개해 보면 다음과 같다.

(1) **천문략(天文略)**: 인조 9년(1631)에 정두원(鄭斗源)이 북경에 있던 육약한(陸若漢, Joao Rodrigues, S. J. 1561~1634)에게서 천문에 관련된 여러 물건을 가지고 왔는데, 그 중 하나인 『천문략』이라는 책에는 칠정(七政: 日月과 5行星)의 운동을 설명하는 그림이 많이 있다.[22]

(2) **적도남북양총성도(赤道南北兩總星圖)**: 이 천문도는 서양의 천문학을 공부한 명나라의 서광계(徐光啓, Xu Guangqi) 등이 선교사 탕약망(湯若望, Johann Adam Schall von Bell) 등의 지도를 받아 처음 남쪽 하늘의 별들을 그려 넣은 천문도이다. 여러 장의 목판으로 인쇄된 이 천문도

22) 『증보문헌비고』 상위고, 1: 4ㄴ~5ㄱ.

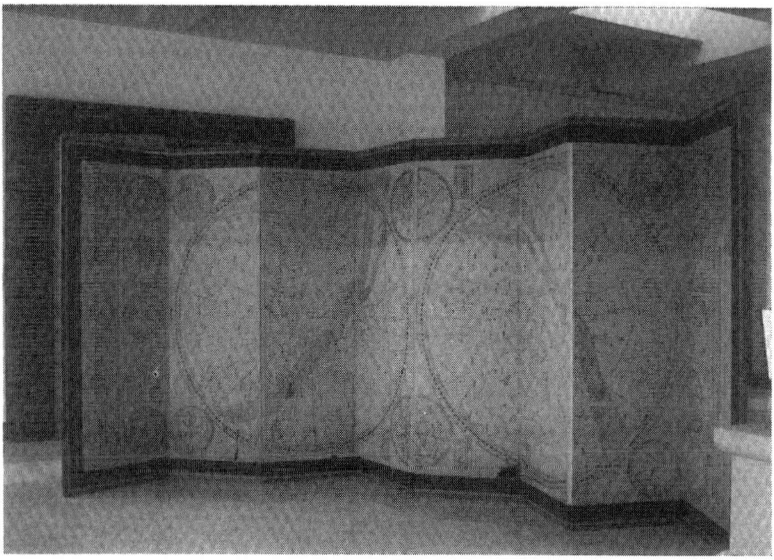

그림 3-23. 『적도남북양총성도』 복사본(나일성천문관 소장)

는 크기 때문에 8폭으로 만든 병풍으로 보존되고 있다. 제1폭에는 탕약망이 쓴 「적도남북양총성도설」이 있고, 제2~4폭과 제5~7폭에는 적도좌표계로 북쪽과 남쪽 하늘이 각각 그려져 있다.

이 천문도가 조선에 수입된 것은 숙종 34년(1708)[23]의 일이었으므로 서광계 등이 명나라 황제에게 만들어서 바친 해가 1633년이라는 사실을 감안해 보면 그 때로부터 75년이나 지난 후의 일이다. 이 사실에 관하여는 『증보문헌비고』[24]에 자세한 기록이 있다. 이 기록은 서양식이 가미된 천문도 제작에 관하여 관상감의 학자들이 대단한 관심을 가지고 검토한 것이므로 다른 신법천문도 연구에 중요한 역할을 할 것이다. 원문이 대단히 길기 때문에 앞부분만을 옮겨 보면 다음과 같다.

---

23) 『증보문헌비고』 상위고, 3: 3ㄴ~4ㄱ. 양(兩)자가 누락되어 있다.

24) 『증보문헌비고』 상위고, 3: 3~6.

> 숙종 34년(1708)에 관상감에서 탕약망의 『적도남북총성도』를 바쳤다. 도설에 이르기를, "옛부터 성도를 그리는 자는, 항현권(恒見圈)을 자미원으로 삼고, 항은권(恒隱圈)의 경계를 총성도의 경계로 삼았으며, 그 이상의 남쪽에 대해서는 도(圖)가 있지 않다. 서력(西曆)에서는 항현권(恒見圈)의 남북이 지점에 따라 같지 않다. 그래서 양극(兩極)을 중심으로 하고 적도로 경계를 삼아 남북의 두 도(圖)를 똑같이 나누어서 전체 하늘의 볼 수 있는 별을 총망라했는데, 이 두 방법은 그 연유한 바가 서로 다르다. ……

명나라 때 만든 『적도남북양총성도』는 서광계 등이 만든 것이 유일한 것인데도 불구하고 숙종 이후에도 명에서 가지고 온 천문도에 관한 기록이 많다. 그러나 이런 기록들이 모두 『적도남북양총성도』를 가리킨 것인지의 여부에 대해서는 아직 연구가 미치지 못하고 있다.

6-2. 관상감이 제작한 신법천문도

관상감의 학자들은 서양식 천문도를 명에서 수입하였지만 그들 나름대로 서양의 지식을 수용하고 자체적으로 독창적인 천문도 제작에 성공하였다. 당시 북경에서 활동한 선교사 중 조선에까지 온 사람은 한 사람도 없었으므로 관상감이 제작한 천문도는 그들의 직접적인 도움 없이 만든 것들이다. 그 대표적인 것으로 3점을 소개하기로 한다.

(1) **혼천전도(渾天全圖):** 이 천문도는 한 장으로 되어 있는 목판 인쇄본으로서, 현재 국내에 적어도 10점 정도 남아 있는 것으로 알려져 있다. 제작 연도가 적혀 있지 않으나 영조대 후기에 관상감이 만든 것이다.

천문도의 크기는 길이 85.5cm, 폭 59.0cm이며, 천문도 윗부분에 '혼천전도(渾天全圖)'라고 크게 쓰여 있다. 그 바로 밑에는 오른쪽에서부터 왼쪽으로 ① 七政周天圖, ② 日月交食圖, ③ 二十四節太陽出入時刻圖가 있고, 천문도의 하단에는 ① 二十四節晨昏中星, ② 七政新圖, ③

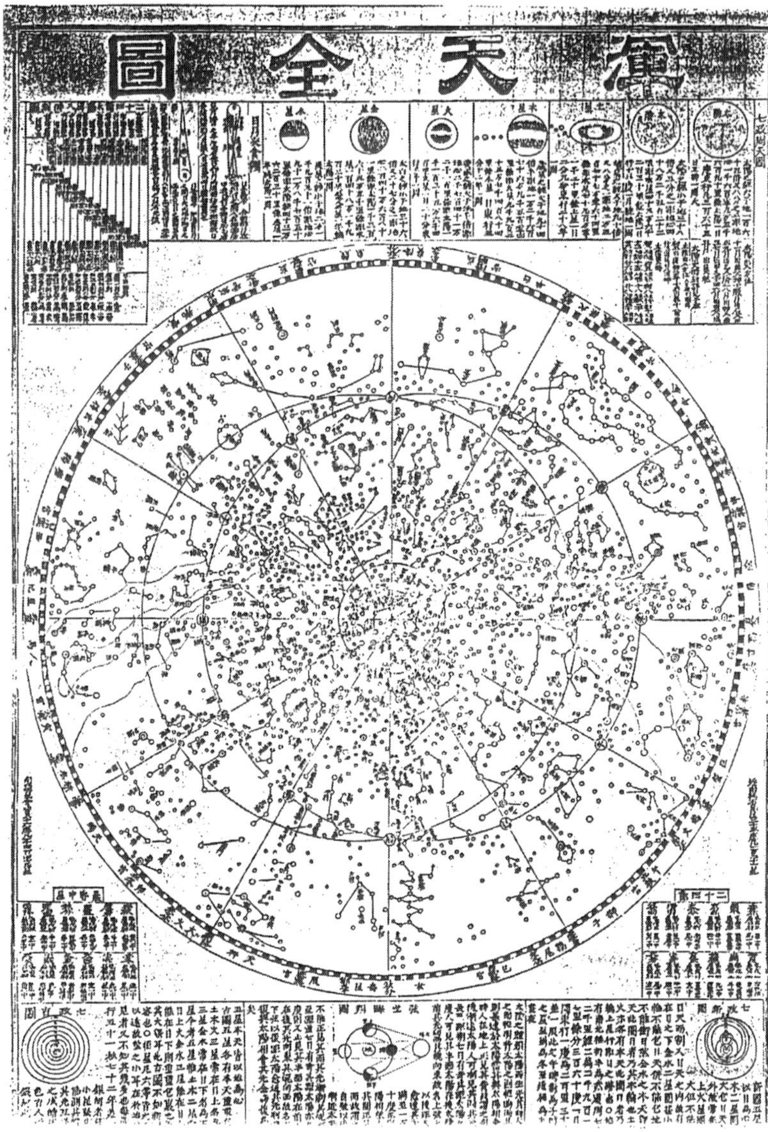

그림 3-24. 조선 영조 때 만든 『혼천전도』(나일성천문관 소장)

弦望晦朔圖, ④ 七政古圖가 있다. 그리고 이 둘 사이에 해당하는 천문도 중앙에는 지름이 57.5cm인 원 안에 278개의 별자리에 속한 2,037개의 별들이 있다. 이 원의 중심은 하늘의 북극이며, 바깥의 원은 한양에서 볼 수 있는 남쪽 한계이다. 하늘 전체는 북극을 중심으로 12개의 방사선이 30도 간격을 표시하고, 원 안에는 주극권(항현권)과 적도와 황도가 그려져 있다.

『혼천전도』의 제작이 갖는 의의는 대단히 크다. 가장 큰 이유는 망원경으로 관측한 칠정(해, 달, 토성, 목성, 화성, 금성, 수성)이 처음 소개된 천문도이기 때문이다. 망원경이 처음 수입된 것은 인조 9년(1631)에 정두원(鄭斗源)이 앞에 소개한 바 있는 서양 선교사 육약한에게서 여러 가지 물건을 가지고 올 때 함께 가지고 온 것이다. 그리고 그 후에도 망원경은 천리경(千里鏡)이라는 이름으로 수입되었지만 불행하게도 영조 때 일식을 관측하기 위해서 사용한 불상사가 있었을 뿐 사용된 기록이 없다. 『혼천전도』에 있는 일월과 5행성, 그리고 특히 토성과 목성의 달들이 관상감이 관측한 것을 기록한 것이라면 이것은 특기할 만한 일이다.

(2) **『복합식 병풍천문도(複合式 屛風天文圖)』**: 뚜렷하게 이름을 붙이기 어려운 천문도가 8첩으로 된 병풍에 있다는 사실이 같은 해인 1966년에 한국과 영국에서 각각 발표되었다. 한국의 것은 이용범(李龍範)이 법주사(法住寺)에서 발견한 것이고,[25] 영국의 것은 Needham과 Lu가 케임브리지에 있는 휩플박물관에 소장된 것을 소개한 것이다.[26] 법주사의 천문도는 다음 (3)에 소개할 것이고, 휩플박물관의 천문도는 여기서

25) 이용범, 「법주사 소장의 신법천문도설에 관하여」, 『歷史學報』, 1966, 31: 1-66과 32: 59-119.

26) Joseph Needham and Lu Gwei-Lu, 'A Korean Astronomical Screem pf the Mid-Eighteenth Century from the Royal Palace of the Yi Dynasty (Choson Kingdom, 1392 to 1910)', 1966, 8.2: 137-162.

소개할 『복합식 병풍천문도』이다.

복합식(複合式)이라는 뜻은 전통적인 『천상열차분야지도』와 『신법천문도』가 하나의 병풍에 함께 있기 때문에 붙인 이름이다. 서양식 천문도가 수입은 되었다 하더라도 관상감은 『천상열차분야지도』를 포기하지 않고 어떤 형태로든 보존하고 싶었던 모양이다. 이 병풍천문도의 내용을 보면 그것이 자명해진다. 『복합식 병풍천문도』는 네 가지 부분으로 구성되어 있다.

제1~3폭: 『천상열차분야지도』에서 별만을 택해서 처음 세 폭에 크게 그렸다. 제1폭 오른쪽 위에는 '天象列次分野圖' 라고 적혀 있고, 제3폭 왼쪽 아래에는 다음과 같은 내용의 글이 3줄로 기록되어 있다.

> 此本觀所藏石刻本也
> 太祖朝有以箕城舊本進
> 上寶重之 命觀刻于石

제4~5폭: 황도좌표로 그려진 『황도북성도(黃道北星圖)』로서, 황도북극(黃道北極)을 중심으로 황도까지의 별들이 『천상열차분야지도』보다 약간 작은 원 안에 네 가지 색깔로 그려져 있다.

제6~7폭: 황도남극(黃道南極)을 중심으로 황도까지의 별들이 위의 북도(北圖)와 같은 크기의 원 안에 네 가지 색깔로 그린 황도남성도(黃道南星圖)이다.

제8폭: 8폭 중 마지막인 이 폭에는 『칠정도(七政圖)』 또는 『일월오성도(日月五星圖)』라고 불리는 해와 달과 5행성이 그려져 있다. 위에서부터 아래로 해를 시작으로 각기 다른 크기와 색깔을 하고 있다. 해는 붉은색이며, 그 속에 검은색의 흑점이 좌우로 나란히 있다. 달은 흰색이며, 태양만큼 크다. 토성과 목성에는 각각 5개와 4개의 작은 달이 옆에

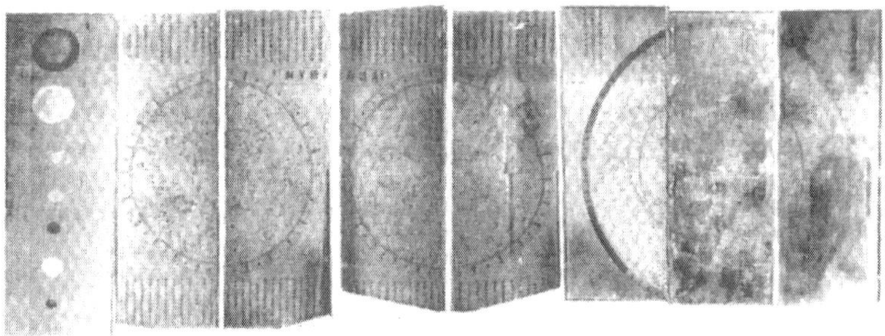

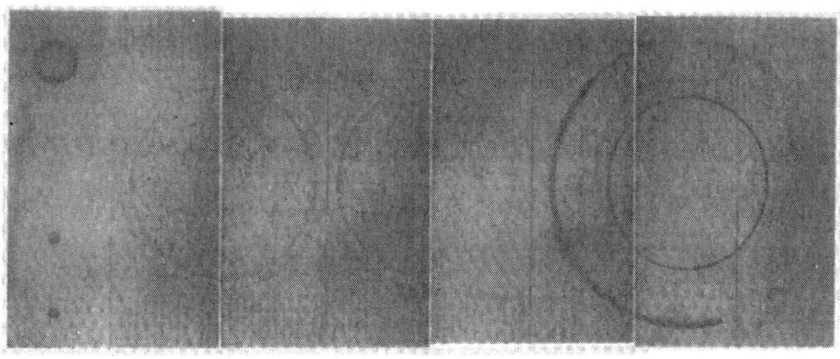

그림 3-25. 조선 영조 때 만든『복합식 병풍천문도』. 위는 일본 남만문화관본, 가운데는 영국 케임브리지에 있는 휩플박물관본, 아래는 심하게 파손된 국립민속박물관본이다.

붙어 있다. 화성, 금성, 수성은 거의 같은 크기인데, 화성은 붉은색이다. 금성과 수성에는 눈썹달과 같은 모양이 표시되어 있는데, 이는 망원경으로 관측되는 삭망을 보인 것이다.

제5~6폭: '黃道南北兩總星圖' 라는 8字가 있다.

제4~7폭: 이 네 폭의 아래 위에는 해설문이 가득 적혀 있다. 먼저 위에 있는 글을 보면, 이 천문도에 대한 내용, 세차로 하늘이 매년 동으로 51초 이동한다는 사실, 태양에 여러 개의 작은 흑점이 있고, 달이 28일 만에 한 바퀴 돈다는 사실, 그리고 5개의 行星을 망원경(大千里鏡)으로 관찰한 내용 등이다. 그리고 끝에는 '雍正元年歲次癸卯 極西戴進賢立法利白明鐫' 라고 적었다.

그 다음 아래에 있는 글은 『한서천문지(漢書天文志)』에 처음 소개된 별자리(星官)들이 그 후 여러 시대를 거치는 동안 어떻게 변화하고 발전하였는가를 기술한 것과 현재 보이지 않아서 확인할 수 없는 별과 새로 추가한 별들에 관하여 설명한 것들이다.

이 휩플박물관본이 알려진 후, 같은 것이 일본 오오사까시(大阪市)에 있는 남만문화관(南蠻文化館)에 오래 전부터 전시되어 있다고 하는 사실이 전상운 교수에 의해 1993년에 소개되었고, 또 하나가 경복궁 안에 있는 국립민속박물관에 있다는 사실이 최근에 밝혀졌다.[27] 이 세 번째 천문도는 충남 천안군 목천면에서 심하게 훼손된 8첩으로 된 병풍 그림에서 발견된 것으로서 1994년 12월 12일에 국립민속박물관이 구입하여 수장고에 보관하고 있는 것이다. 이 천문도는 훼손이 심하여 정확하게 크기를 정하기는 어려우나, 대략 다음과 같다고 보고 있다.

한 폭의 높이 = 168cm　　너비 = 58cm　　전체의 너비는 = 464cm

---

27) 나일성 · 이용삼, 『팔폭 병풍식 천문도』, 국립민속박물관 연구보고서, 1995.

이 천문도가 다음에 기술할 보물 제848호로 지정된 「법주사 병풍천문도」보다 국내에는 늦게 알려진 탓으로 보물로 지정되지 못했다. 그러나 시대적으로 「법주사 병풍천문도」보다 앞섰고 또 서양 천문도의 도입 과정에 『천상열차분야지도』의 권위와 전통성을 어떻게 융화시키느냐를 고민한 관상감의 입장을 더듬어 볼 수 있는 귀중한 자료이기에 앞으로 반드시 보물로 지정되어야 할 귀중한 천문도이다.

(3) **법주사 병풍천문도(法住寺 屛風天文圖)**: 『신법천문도(新法天文圖)』라는 이름으로 잘 알려져 있는 법주사(法住寺) 소장품인 8폭으로 된 병풍천문도이며, 현재 보물 제848호로 지정되어 있다.

이 천문도도 관상감이 제작한 것이지만 위에 소개한 『복합식 병풍천문도』보다 후에 제작되었다. 그리고 제1폭에 있던 『천상열차분야도』를 과감하게 없애고 그 대신 『복합식 병풍천문도』 제4~7폭의 위에 있는 내용을 '신법천문도설(新法天文圖說)'이라는 제목으로 첫 폭에 옮겨 놓았다. 제2~4폭에는 황도좌표로 '황도북성도(黃道北星圖)'를, 제5~7폭에는 '황도남성도(黃道南星圖)'를 각각 크게 그렸다. 마지막 제8폭에는 이 병풍천문도 제작에 참여한 관원들의 직위와 이름이 있다.

한 폭의 높이는 147cm, 너비는 57cm, 전체의 너비는 약 456cm이다. 이것은 앞에 보인 『복합식 병풍천문도』와 거의 같은 크기이다.

6-3. 19세기에 만든 여러 가지 천문도

18세기는 영조와 관상감 관원들의 각별한 노력과 지극한 정성으로 천문도 제작에 큰 성과가 있은 시대로 기록될 수 있으나, 19세기는 천문도뿐만 아니라 천문학이 전반적으로 쇠퇴한 시기이다. 이 시기에 만든 천문도로서는 『황도중국합도(黃道中局合圖)』, 『황도남북항성도(黃道南北恒星圖)』, 『황도총성도(黃道總星圖)』와 같은 것이 있으나 앞에 소개한 8폭천문도에 비하면 모두 작은 것들이다. 1861년에 남병길이 저술한

그림 3-26. 조선 영조 때 만든 법주사 병풍천문도(보물 제848호)(법주사 소장)

『성경(星鏡)』이라는 책이 있는데, 『보천가』나 『천문유초』와 같이 3원28수의 별들을 해설하고 있다. 이 책의 큰 특징은 서양 선교사들이 찾을 수 없다는 별들을 과감하게 버리고 그 대신 새로운 별과 남극의 별들을 포함하여 그 위치를 적도좌표로 제시하고 또한 별의 밝기를 등급으로 표기한 첫 성표(星表)라는 점이다.

이 시기에는 고을마다 선비들이 제각기 천문도를 모사하는 것이 유행했다. 민간에서 필사한 천문도가 여러 곳에 많이 남아 있는 이유는 너도 나도 천문도를 갖기를 원했으나 인쇄가 어려웠기 때문에 보고 베낀 것들이 전해 오고 있는 탓이다. 이런 천문도를 『민간 필사본』이라고 한다.

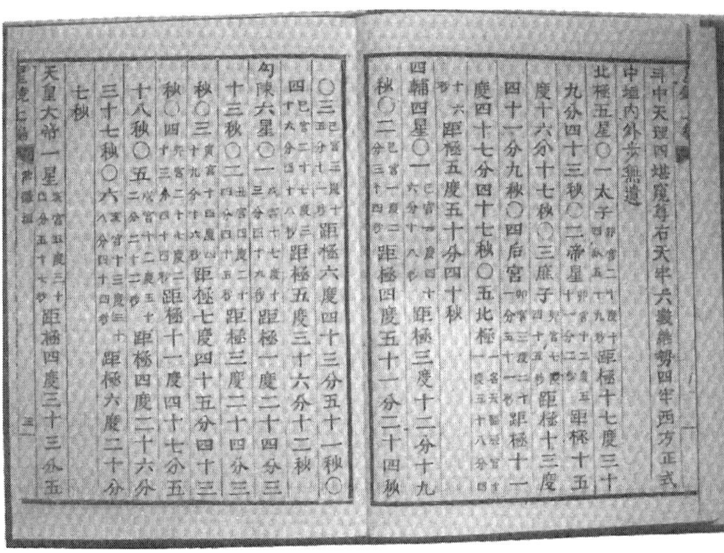

그림 3-27. 남병길의 『성경』에 있는 별들의 적도좌표의 예

제 4 장

세종의 천문 의기와 그 후

세종의 규표(1/10로 축소하여 복원한 것임)

삼국 시대와 고려 시대에 별을 관측한 기록이 많이 있다는 사실은 잘 알려진 일이다.[1] 그리고 조선 시대가 되면 세종의 간의대 건설과 때를 같이하여 천문관측은 전성기를 맞이한다. 이순지(李純之)와 김담(金淡)과 같은 특출한 관측자가 활동한 시기가 바로 이 때이기 때문이다. 그러나 세종 때의 이순지와 김담이 이룩한 천문관측의 전통은, 그 후 면목상 이어지기는 했지만, 영조와 정조의 시대가 되면서부터 다시 부흥기를 맞을 때까지 뚜렷한 발전은 없었다.

세종 시대에 천문 관측이 활발했다는 것은 관측 기기가 완비되어 있었다는 것을 의미한다. 이 시대에 천체의 위치 측정을 위하여 제작한 관측 기기(測星器)로는 혼의와 혼상(渾儀渾象), 간의(簡儀), 일성정시의(日星定時儀), 그리고 규표(圭表)가 있었다. 그리고 낮 시간과 밤 시간을 측정하기 위해서는 해시계(日晷)와 물시계(漏刻)를 만들었는데, 해시계에는 5가지가 있고, 물시계에는 2가지가 유명하다. 그 외에도 기상을 위해서는 측우기의 발명과 수표의 설치가 있었고, 마지막으로 돌에 새긴 『신법천문도』를 만들기까지 하였다.

세종대왕이 과학의 큰 장을 열게 된 동기가 『세종실록』이나 『증보문헌비고』에는 여러 모양으로 잘 기록되어 있는데 그 중 하나만을 소개해 보면 다음과 같다.

> 세종(世宗) 14년(1432)에 임금이 경연(經筵)에 나아가 역상(曆象)의 이치를 토론하고, 예문관 제학(藝文館提學) 정인지(鄭麟趾)에게 이르기를, "우리 나라는 멀리 해외(海外)에 있어서 모든 것을 하나같이 중국의 제도를 따라 시행하는데, 유독 천문(天文)을 관찰하는 기계만 빠졌다. 경은 이미 역산(曆算)에 관계되는 제조(提調)이니, 대제학(大提學) 정

1) 한국에는 『三國史記』, 『高麗史』 天文志와 五行志, 『朝鮮王朝實錄』, 『增補文獻備考』, 『承政院日記』 외에도 천문 관측 기사가 있는 문헌이 많다.

초(鄭招)와 함께 고전(古典)을 연구하여 관측 기계를 만들어서 관측을 할 수 있도록 대비하라. 그러나 그 목적이 북극출지(北極出地)의 값을 결정하는 데 있으니, 먼저 간의(簡儀)를 만들어 바치는 것이 좋겠다." 하였다. 그래서 정초(鄭招)와 정인지(鄭麟趾)는 고전의 연구를 담당하고, 중추원사(中樞院使) 이천(李蕆)과 호군(護軍) 장영실(蔣英實)은 공역(工役)을 감독하여 먼저 목간의(木簡儀)를 만들어서 한양(漢陽)의 북극출지 38도 1/4을 측정하였는데, 《원사(元史)》의 측정치와 거의 맞았다. 마침내 구리를 부어 여러 의상(儀象)을 7년 후인 무오년(戊午年), 세종 20년에 만들어 내니, 첫째, 대간의(大簡儀), 소간의(小簡儀), 둘째, 혼의(渾儀), 혼상(渾象), 셋째, 현주일귀(懸珠日晷), 천평일귀(天平日晷), 정남일귀(定南日晷), 앙부일귀(仰釜日晷), 넷째, 일성정시의(日星定時儀), 다섯째, 자격루(自擊漏)였다(『증보문헌비고』 제2권, 의상 1에서 옮김).

1. 규　　표

인류 역사상 가장 먼저 제작된 천문 관측용 측정 기기가 무엇이었을까. 이 질문은 지극히 담변하기 어려운 것이라고 생각하기 쉬우나 사실은 그렇지 않다. 현대인들에게는 이미 잊혀진 것으로 되어 버린 규표(圭表, gnomon)가 바로 인간이 가장 먼저 발명한 관측 기기였고, 놀랍게도 이 규표는 변형된 형태로 지금도 다양하게 사용되고 있다. 지평좌표계를 사용하는 측량 기기와 망원경의 설치 방법에 그 원리가 적용되고 있는 것이다.

중국 청나라 '欽定書經圖說 卷一, 堯典'에는 고대인이 하지날에 규표를 사용하고 있는 그림이 있다(그림 4-1 왼쪽). 수직으로 세운 긴 막대(表竿)가 만드는 해의 그림자의 길이를 땅 위에 눕혀 놓은 막대(土圭)로 재고 있는 것이다. 그런데 놀랍게도 최근에도 이와 같은 규표를 사용하고 있는 곳이 있다. 그림 4-1 오른쪽에 보인 것은 인도네시아의 보루

그림 4-1. 요순 시대에 규표를 사용하는 모습(왼쪽)과 인도네시아 원주민들이 지금 도 사용하는 규표

네오 섬에 사는 어떤 부족들이 기원전인 요순 시대와 꼭 같은 방법으로 해의 그림자를 재고 있는 것이다. 그렇다면 과연 이 규표의 기능과 역할은 어떤 것일까?

한국에서 규표는 삼국 시대부터 사용되었으리라고 짐작은 가나 확실한 기록은 『세종실록』과 『증보문헌비고』에 있는 다음과 같은 세종 시대의 규표가 처음이다. 이 규표는 세종 16년(1433) 7월에 돌을 깎기 시작하여 19년(1437)경에 완성한 것이다.

> (간의)대의 서쪽에는 동표(銅表)를 세웠는데, 높이가 40척이나 되는 작대기이다. 청석(靑石)을 깎아서 규(圭)를 만들고, 규면(圭面)에 장(丈) · 척(尺) · 촌(寸) · 푼(分)을 새겨 놓았다. 그리고 경부(景符)를 써서 일중(日中) 때의 그림자를 측정하여 2기(二氣)의 길고 짧음을 추산

하였다(『증보문헌비고』 상위고에서 옮김).

세종 시대에 제작한 이 규표가 어떤 것이었는지 이순지는 그가 저술한 『제가역상집』[2]에 자세히 기록하고 있다.

> 규(圭)는 돌로 만들며 그 크기는 길이 126척, 너비 4척5촌, 두께 1척4촌이며, 받침대는 높이 2척6촌이다. 규의 남북 양끝에는 연못이 각각 있는데, 그 지름은 1척5촌이고 깊이는 2촌이다. 표(表)의 북쪽으로 1척 되는 곳에 있는 들보(梁)의 중심과 수직인 곳에서부터 120척까지 눈금을 매긴다. 눈금의 중심은 너비가 4촌이고, 그 양쪽에 1촌의 폭으로 척·촌·분을 북쪽 끝까지 그려 넣는다. 척·촌·분 표시의 양쪽에서 1촌 떨어져 있는 곳에 물이 흐르는 도랑을 파는데, 그 깊이와 너비는 각각 1촌이며, 남북 양쪽의 연못과 통하게 되어 있어서 수평을 잡는다. 표의 길이는 50척, 너비는 2척4촌, 두께는 너비의 반이다. 표는 규의 남쪽 끝과 받침대를 뚫고 땅 속에 1장4척 박는다. 이로써 규 위에 36척 높이가 된다. 표의 끝에는 두 마리의 용이 있는데, 그 하반신은 표에 붙어 있고, 상반신은 들보를 받쳐 든다. 들보의 중심에서 표의 끝까지는 4척이고, 밑에 있는 규의 면까지는 모두 40척이 된다. 들보의 길이는 6척이고 지름은 3촌인데, 윗면에 물의 도랑을 파서 수평을 맞춘다. 들보의 양끝과 그 중간에 지름이 2푼 되는 구멍이 각각 있는데, 이 구멍을 뚫고 길이 5촌 되는 쇠막대를 박는다. 이 쇠막대에 추를 달아 표의 비틀림을 바로잡는다.
>
> 표가 짧으면 규에 새긴 눈금의 간격도 촘촘해진다. 척과 촌 안에는 분과 초도 있다. 따라서 눈금이 척과 촌보다 너무 작으면 분별하기 어렵다. 표가 길어지면 눈금의 간격이 넓어지지만 그림자가 분명하지 않고 희미해져서 정확하지 않다. 옛 사람들은 정확한 그림자를 얻기 위해서 망통(望筒)을 붙이기도 하고, 혹은 작은 규표를 사용하기도 하고, 혹은 나무로 고리를 삼아 표의 꼭대기의 햇빛이 규의 면에 드리우도록 하기

---

2) 이순지, 『제가역상집』.

도 했다. 그러나 지금은 구리로 높이 36척 되는 표를 만들고, 그 꼭대기에 용 두 마리로 들보를 받쳐 준다. 들보로부터 규의 면까지는 모두 40척이 된다. 이로써 8척짜리 표 5개가 된 것이다. 규표에 새긴 눈금은 옛날 1촌은 지금의 5리(釐)에 해당하기 때문에 작은 차이도 식별하기 쉽다.

경부(景符)의 제작법. 너비 2촌, 길이는 그 두 배(4촌)인 얇은 구리판 중앙에 바늘 구멍을 뚫는다. 정방형으로 된 받침대의 윗면의 한쪽 끝에 붙어 있는 기축(機軸)이 이 동판을 받쳐 주기 때문에 열고 닫을 수 있다. 그 한쪽을 기울도록 하면 북쪽이 높고 남쪽은 낮아진다. 경부를 (남북으로) 움직여서 분명하게 나타나지 않는 들보의 중심이 오게 한 다음, (동판의) 바늘 구멍을 통해서 도달하는 햇빛이 쌀알만한 크기가 되면 들보가 그 가운데 보인다. 옛날의 방법은 표의 끝의 그림자를 측정하는 것이므로 태양 면의 윗부분이 투영된 것이지만, 지금은 이 들보를 사용하여 그 중심에 해당하는 그림자를 정확하게 얻는다(『제가역상집』에서 옮김).

이순지가 설명한 세종의 규표와 꼭 같은 것이라는 원나라 곽수경(郭守敬)의 규표는 현재 중국에도 남아 있지 않다. 그러나 다행히 중국에는 후에 축소해서 다시 만든 명대와 청대의 규표가 각각 1개씩 있어서 세종 때의 규표를 상고하는 데 큰 도움을 주고 있다. 이 두 규표의 규(圭)는 모두 돌로 만들었으나 눈금을 그려 넣기 위해서는 엷은 동판을 돌 위에 붙이고 그 위에 눈금과 글자를 새겨 넣고 있다. 그리고 표주(表柱)는 전부 구리로 견고하게 만들었지만 용은 없다. 표(表) 위에 부착시켜야 하는 횡량(橫梁)은 북경고관상대에 있는 명대의 것에는 있는데, 자금산천문대에 있는 규표에는 구부러진 모양을 한 동판이 횡량을 대신하고 있다(그림 4-2 참조). 이로 미루어 보면 북경고관상대의 것이 더 세종의 규표에 가깝다. 해의 그림자를 정확히 측정하는 도구인 경부(景符) 또는 영부(影符)는 현재 어디에도 남아 있지 않다.

경복궁 간의대 서쪽에 설치했던 세종 때의 규표는 없어진 지 오래 되

그림 4-2. 중국 자금산천문대에 있는 청나라 때의 규표

었으나, 그 동안 중국에서처럼 다시 만든 일도 없었다. 그런데 최근 경기도 여주에 있는 영릉의 세종대왕유적관리소에 1/10로 축소된 세종의 규표가 나일성에 의해 복원 제작되었다[3](그림 4-3 참조). 그리고 이와

3) 나일성 · 정장해, 『축소 제작한 세종의 규표』(세종대왕 유적관리소: 경기도 여주), 1995.

그림 4-3. 세종대왕유적관리소(영릉; 경기도 여주)에 복원된 세종의 규표(나일성의 복원 제1호로서 한국과학사물연구소가 제작함. 사진: 이용삼 찍음)

꼭 같은 규표가 다시 제작되어 경주에 있는 신라역사과학관과 예천에 있는 나일성천문관에 각각 설치되어 있다.

세종 때의 규는 청석으로 만들었으나 지금 그와 같이 큰 청석을 구할 길이 없어서 충남 보령의 오석으로 대신하고 옆면에 규표에 관한 기록을 번역하여 새겼다. 표는 구리로 만들었다. 이 표를 두 마리의 용이 휘감고 올라가서 입으로 횡량을 받쳐 들고 있는 형태를 취했다.

2. 혼의와 혼상

천체를 관측하는 기기 중에 별의 위치 측정을 위한 것을 주 목적으로 하는 기기는 중국에서 유래된 혼의이다. 그러나 이 혼의는 시대가 변하면서 그 명칭이 바뀌기도 하고 또 개량 · 변형됨으로써 전연 다른 인상을 주는 이름이 붙기도 했는데, 대체로 다음과 같은 세 종류를 들 수 있다.

1. 혼의(渾儀): 선기옥형(璇璣玉衡), 뒤의 혼천의(渾天儀)
2. 다른 이름: 적도의(赤道儀), 황도의(黃道儀), 지평의(地平儀)
3. 간의(簡儀): 대간의, 소간의

이제 이 세 종류의 측성기 중에서 2와 3에 해당하는 것은 뒤에 소개하기로 하고, 혼의의 특징과 간단한 변천 과정을 차례로 살펴보자.

2-1. 혼의(渾儀)

혼의라 함은 혼천설에 의거하여 천체의 위치를 측정한 기기이다. 중국에서 처음 혼의가 발명된 것은 기원전 4세기에서 1세기 사이에 해당하는 전국 중기(戰國中期)의 진한 시대(秦漢時代)라고 보고 있다.[4] 초기의 원시적인 혼의는 두 개의 기본 환(環; 원형 테)으로 되어 있는데, 그 목적은 천체의 위치를 중국식 적도좌표계인 입수도(入宿度 또는 距度)와 거극도(去極度)로 측정하기 위해서이다. 두 환 중의 하나는 적도에 고정시킨 적도환(赤道環)이다. 이 환과 평행인 적도면(赤道面)에 주천도수(周天度數)로서 365.25도가 새겨져 있다. 다른 하나의 환은 적경

4) 北京天文館 編, 『中國古代天文學成就』(北京科學技術出版社: 北京), 1987.

환(赤經環) 또는 사유환(四游環)이라고 하는 것인데, 이 환은 북극과 남극을 축으로 하여 회전하며, 별을 찾아 눈으로 확인하는 장치인 규관(窺管) 또는 망통(望筒)을 달고 있다. 이 규관의 회전축은 두 환의 중심인 동시에 규관의 중심에 있다.

이렇게 간단했던 초기의 혼의는 그 후 세월이 흐름에 따라 용도가 다

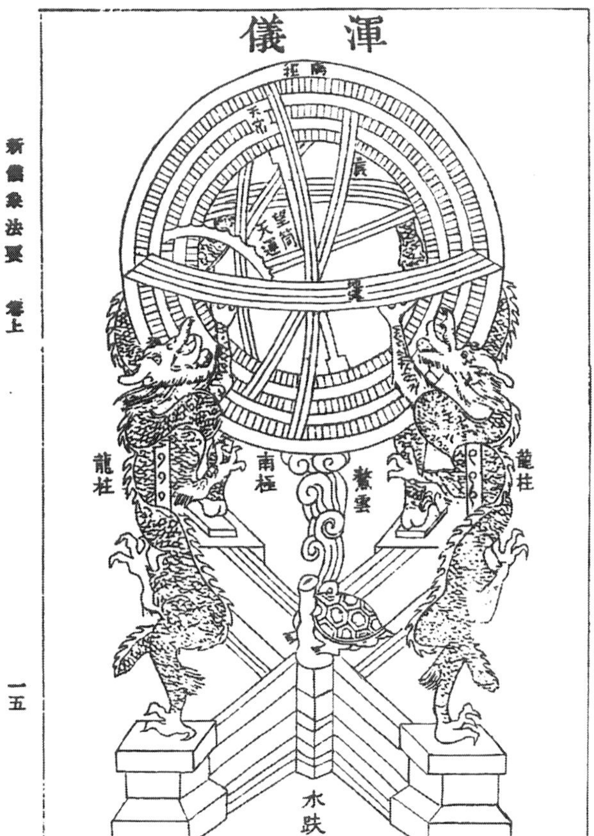

그림 4-4. 소송(蘇頌)이 1090년에 만든 혼의(『新儀象法要』 卷上 十五에서 옮김)

양해지면서 복잡하게 되었다. 따라서 11세기에 이르면 소송(蘇頌)의 혼의처럼 까다로운 측성기로 발전된다(그림 4-4 참조).

한국의 삼국 시대나 고려 시대에도 혼의가 있었으리라고 짐작은 가지만 참고 자료가 남아 있지 않다. 조선 시대에 이르러 최초의 기록으로 『세종실록』에 있는 '혼천의'라는 명칭으로 기사가 두 곳에 있다.[5] 세종 19년(1437) 4월 15일(갑술)은 세종의 과학, 더 확대하여 본다면, 한국의 과학사에 큰 변혁을 일으킨 역사적인 날이다. 15세기를 장식한 세종의 과학 기기, 특히 천문 관측 의기들의 완성을 기념하여 상세한 기록이 이 날의 실록에 자세히 남아 있기 때문이다.[6] 이 날과 1년 뒤인 세종 20년의 실록[7]에는 '혼천의' 대신에 간단히 '혼의'로 줄여서 기록하고 있다. 그러나 명종 3년(1548) 이후의 여러 『실록』과 『증보문헌비고』에는 '혼천의'와 '선기옥형'이라는 명칭으로 더 자주 기록되고 있는 것을 보아 '선기옥형', '혼천의', '혼의'는 시대의 구별이 없이 그때 그때의 형편에 따라 불린 명칭인 것 같다.

조선 시대의 '혼천의'에 관한 문헌의 기사와 그림 4-5, 그리고 현재

---

5) 『世宗莊憲大王實錄』 60: 38ㄴ. 세종 15년 6월 9일(경인)에 "정초(鄭招)·박연(朴堧)·김진(金鎭) 등이 새로 만든 혼천의를 올리다"라는 기록이 있다. 또한 『世宗莊憲大王實錄』 61: 24ㄱ. 세종 15년(1433) 8월 11일에는 "대제학 정초, 지중추원사 이천, 제학 정인지, 응교 김빈 등이 혼천의를 올리매 임금이 그것을 곧 세자에게 명하여 이천과 더불어 그 제도를 질문하고 세자가 들어와 아뢰라고 하니, ……"라고 기록되어 있다.

6) 『世宗莊憲大王實錄』 77: 9ㄴ(주: 이 실록의 기사와 거의 똑같은 내용이 『증보문헌비고』 2: 222-223ㄱ에도 기록되어 있다).

7) 『世宗莊憲大王實錄』 80: 26ㄴ에 다음과 같은 기록이 있다. 세종 20년 3월 4일 戊子. 傳旨禮曹 簡儀臺 專爲候察天氣 以授民時 旁置圭表 渾象渾儀 皆是觀天之器 別差官員 以候天文 非長久之計 今後令書雲觀主之 每夜五人入直以候天氣.

표 4-1. 한국의 혼천의(혼천의의 변형인 간의의 조사는 포함시키지 않았음)

이름	그림/유물	위치/문헌	제작자/제작연대	참고
1 簡儀臺渾天儀	(없음)	『세종장헌대왕실록』	鄭招, 朴堧, 金鑌/1433	참고문헌 〔5〕를 참조
2 簡儀臺渾天儀	(없음)	『세종장헌대왕실록』[8)]	鄭招, 李蕆, 鄭麟趾, 金鑌/1433	
3 璇璣玉衡, 渾天儀	(없음)	『명종대왕실록』[9, 10)]	(미상)/명종 3년(1548)	
4 璇璣玉衡, 渾天儀	(없음)	『명종대왕실록』[11)]	(미상)/명종 4년(1549)	
5 李滉의 璇璣玉衡	(없음)		李滉(1501~1570)/(미상)	이황(李滉)의 혼의를 참조
6 璇璣玉衡	그림	『書傳大全集注』	(미상)/1620	그림 4-5를 참조
7 璇璣玉衡	(없음)	『증보문헌비고』[12)]	崔攸之/효종 8년(1659)	
8 齊政閣渾天儀	(없음)	『증보문헌비고』[13)]	李敏哲/현종 10년(1669)	
9 自鳴鐘渾天儀	유물	『현종대왕실록』[14, 15)]	宋以潁, 李敏哲/현종 10년(1669)	그림 4-30을 참조, 국보 230
10 宋時烈의 渾天儀	유물	청주시에 있는 문중	宋時烈(1607~1689)/(미상)	그림 4-7을 참조
11 齊政閣 渾天儀	(없음)	『증보문헌비고』[16, 17)]	李敏哲/숙종 13년(1687)	
12 渾天儀	(없음)	『증보문헌비고』[18)]	安重泰, 李時華/숙종 30년(1704)	
13 璇璣玉衡	(없음)	『숙종대왕실록』[19)]	(미상)/숙종 30년(1704)	李權撰銘
14 渾天儀	(없음)	『경종대왕수정실록』[20)]	(미상)/경종 1년(1721)	中國假本에 의해 만듦
15 璇璣玉衡	(없음)	『영조대왕실록』[21)]	(미상)/영조 8년(1732)	趙明翼製銘
16 小玉衡	(없음)	『영조대왕실록』[22)]	金兌瑞/영조 45년(1769)	
17 洪大容의 通天儀	(없음)	『湛軒書』 籌解需用	洪大容/영조대(1760~1761)	
18 裵相說의 渾天儀	유물	경북 봉화읍 석편2리	裵相說(1759~1789)/(미상)	
19 渾天儀	유물	숭실대학교 박물관	洪大容(?)/조선 시대	그림 4-6을 참조
20 英陵渾天儀	유물	경기도 여주시 영능	(미상)/조선 시대	
21 觀象監渾天儀	사진	"Korean Astronomy"[23)]	(미상)/조선 시대	
22 選畵廊渾天儀	유물	서울시 선화랑	(미상)/조선 후기	그림 4-7을 참조
23 金泳 등의 赤道經緯儀	문헌	『國朝曆象考』[24)]		
24 南秉哲의 渾天儀	문헌	『儀器輯說上』[25)]		
25 南秉吉의 赤道儀	그림	『星鏡』	南秉吉(1820~1869)/고종대	그림4-32를 참조

8) 『世宗莊憲大王實錄』 61: 24ㄱ에 다음과 같은 기록이 있다. 세종 15년 7월 11일 辛卯. 大提學鄭招, 知中樞院使事李蕆, 提學鄭麟趾, 應教金 等 進渾天儀. 上覽之 …….

9) 『明宗大王實錄』 8: 50ㄱ에 다음과 같은 기록이 있다. 명종 3년 10월 9일 庚申. 傳曰 璇璣玉衡及渾天儀 令該曹造入 時講書傳 初卷欲覽其制 故有是教.

10) 『增補文獻備考』 2: 33ㄴ에 다음과 같은 기록이 있다. "명종 3년(1548)에 과상감에 명하여 혼천의를 만들어 홍문관에 두게 하였다"(10월에 명이 내려서 다음 해 정월에 준공되었다)(『증보문헌비고』, pp. 153-154).

11) 『명종대왕실록』 9: 1ㄱ에 다음과 같은 기록이 있다. 四年正月2日(癸酉) 弘文館上 璇璣玉衡渾天儀制度. 上 遣內官 朴漢宗等 于弘文館 講習 政院啓 璇璣玉衡渾天儀制度 遣內官 講習自.

12) 『증보문헌비고』 3: 1ㄴ~2ㄱ에 다음과 같은 기록이 있다. "孝宗 8년(1659)에 璇璣玉衡을 만들도록 명하였다. 이보다 앞서 임금이 강관(講官) 홍처윤(洪處尹)을 시켜서 선기옥형을 만들어 바치게 하였다. 그러나 그 구조가 법칙에 맞지 않는 것이 많았다. 이 때에 弘文館에서 글을 올리기를 "김제 군수(金堤郡守) 최유지(崔攸之)가 선기옥형을 만들었는데 이는 물의 힘을 이용하여 저절로 움직이게 한 것으로 해와 달의 운행 度數와 해시계(時晷)의 느리고 빠름이 조금도 어긋남이 없으므로 보는 이는 모두 정묘하다고 합니다. 기술 분야에 재능이 뛰어난 사람을 시켜서 그 구조에 따라 선기옥형을 만들어 본관(本館)에 놓게 하여 주십시오." 하니, 임금이 그대로 따랐다.

13) 현종 10년(1669)에 제주(祭酒) 송준길(宋浚吉)이 欽敬閣의 옛 제도를 복구하기를 청하였다. 임금이 이민철(李敏哲)에게 명하여 채침(蔡沈)의 『書經』 순전 주(舜典 註)에 의거하여 구리를 부어서 혼천의를 만들게 하였다(문, p. 163; 文, 3: 2ㄱ). 『燃藜室記述 別集』 卷之十五, '天文典故, 儀象'에도 이와 동일한 내용의 기사가 있으며, 이 외에도 다음과 같은 기사가 더 첨부되어 있다: "혼천의를 만들었으나 내리고 올릴 수가 없어서 실제로 사용을 못하게 되었다. 그러나 역대로 여러 번 수리하여 제정각(齊政閣) 가운데 안치해 놓고, '하늘을 공경하고 백성을 부지런하게' 하는 뜻을 나타내었다. 정종(正宗) 때 또 서운관 제조 서호수(徐浩修)에게 명하여 수리하게 하였다. 김석주(金錫冑)가 이민철이 만든 혼천의와 송이영이 만든 혼천의에 관하여

상언한 긴 기사가 있다(문, pp. 163-164; 文, 3: 2ㄴ~3ㄱ).

14) 『顯宗大王實錄』 17: 35ㄱ, ㄴ에 다음과 같은 기록이 있다. 현종 10년(1000) 10월 甲戌. 弘文館進渾天儀水激之制 及 自鳴鐘 先是. 上命李敏哲 造成渾天儀水激之制 以令弘文館 勾管 至是敏哲畢造以上 又令宋以穎 造自鳴鐘以進. 上曰 兩人運用心力 功甚不小 令該曺參酌論賞 工匠等亦 令該曺題給米布 敏哲加資 以穎拜實職.

15) 『증보문헌비고』 3: 2ㄱ~3ㄱ에는 『현종대왕실록』에 있는 기록뿐만 아니라 이 기기에 대한 제원도 자세히 기록되어 있다.

16) 숙종 13년(1687)에 李敏哲에게 명하여, 顯宗朝의 옛 혼천의를 중수(重修)하고, 제정각(齊政閣)을 昌德宮의 희정당(熙政堂) 남쪽에 지어서 거기에 설치하게 하였다. 〔補〕로 긴 기사가 더 있다(문, pp. 164-165; 文, 3: 3ㄱ, ㄴ).

17) 『肅宗大王實錄』 19: 13ㄴ에 다음과 같은 기록이 있다. 肅宗十四年(1688)五月(癸卯). 璇璣玉衡成 先是. 顯廟使 李敏哲 ㅁ造渾天儀 中廢不用者久 崔錫鼎建請修之. 上命敏哲改修 令錫鼎監其事 置于齊政閣 閣在熙政堂南.

18) 숙종 30년(1704)에 安重泰 · 李時華 등에게 명하여 여벌(副件)의 호천의를 주조하게 하였다(문, pp. 165-166; 文, 3: 3ㄴ).

19) 『肅宗大王實錄』 39: 65ㄴ에 있는 기사: 숙종 30년 7월 16일 甲寅. 觀象監進璇璣玉衡 因舊制而稍大之 知製教朴權 奉教撰銘.

20) 『景宗大王修正實錄』 3: 14ㄱ의 시록: 경종 원년(1721) 4월 10일 己亥. 觀象監啓曰 世宗朝製造渾天儀 置諸本監 兵變之餘 破壞 失. 今番節使之行 得渾天儀假本以來 製操精妙 請令依樣製進一件 留置監中. 上允之.

21) 『英祖大王實錄』 32: 10ㄱ의 기록: 영조 8년(1732) 8월 5일 己未. 璇璣玉衡成. 命製述官趙明翼製銘. 監役官以下 施賞有差. 또한 英祖8年(1732) 上以 肅宗朝副鑄渾天儀 歲久而差 命安重泰等重修 建揆政閣于 慶熙宮興政堂之東 以安之. (以下) 御製揆政閣記曰 …… (『증보문헌비고』 상위고 3: 6ㄱ~7ㄴ).

22) 『英祖大王實錄』 113: 12ㄱ의 기록: 영조 45년(1769) 10월 6일 癸丑. 上召觀象監官員金兌瑞 問彗星形體仍. 教曰 璇璣玉衡 有古制 在闕中 能修補乎. 兌瑞對曰能遂 命造小玉衡 及 簡儀板 令銓曺 守令調用.

23) W. C. Rufus, "Korean Astronomy", *Transactions of the Korea Branch, Royal Asiatic Soc.*, Vol. 26, 1936.

까지 남아 있는 유물 조사의 결과를 정리해 보면 다음 표 4-1과 같다.

그림 4-4에 보인 소송(蘇頌)의 '혼의도' 만큼 상세한 그림이 수록되어 있는 문헌으로서 1620년 조선에서 간행된 『서전대전집주(書傳大全集注)』가 있다는 사실이 전상운(全相運)[26]에 의하여 처음 알려졌다. 이 책에 있는 '선기옥형도(璇璣玉衡圖)' 는 소송의 그림보다 어떤 부분에 관해서는 더 잘 알아 볼 수 있도록 그려져 있다. 지금 남아 있는 국내의 여러 문헌 중에는 이 그림이 자주 인용되고 있는데, 이는 조선의 학자들이 선기옥형의 대표적인 그림으로 많이 참조한 때문일 것이다. 이 '선기옥형도' 에는 부품과 각 환의 명칭이 잘 표시되어 있을 뿐만 아니라 그 그림 밑에는 각 부품의 제원을 정확하게 기록해 두고 있다. 이 기록을 참고하면 이 선기옥형을 복원 제작할 수 있을 것이며, 또한 다른 유물들을 조사하는 데에도 좋은 참고가 될 것이다. 8글자씩 27줄을 종서로 쓴 내용을 다음과 같은 형식으로 바꿔서 옮겼다.

地平單環徑八尺○ 五寸厚一寸半天經 雙環徑八尺□五寸
厚八分兩環合一寸 六分天緯單環徑七 尺八寸一分□九分
厚五分三辰雙環徑 七尺四寸八分□一 寸八分厚七分兩環
合一寸四分黃赤二 道單環徑七尺二寸 一分□九分厚六分
四遊雙環徑六尺二 寸八分□一寸八分 厚八分半兩環合一
寸七分直距銅板二 長各如四遊環內徑 □一寸六分厚八分
玉衡長如直距方一 寸六分兩端方掩方 一寸七分中間圓孔
徑七分半地平之下 以龍柱四各高七 尺七寸植於水準上
其臺爲十字或爲方 井中○水道相通行 水以○機輪
(주: ○표는 해독이 불가능, □표는 '闊' 일 것이나 확인이 필요)

---

24) 『國朝曆象考』 3: 37ㄴ~40ㄱ.

25) 南秉哲, 『儀器輯說上』, 1850년경.

26) 全相運, 「璇璣玉衡에 대하여」, 『古文化』 2집, 1963.

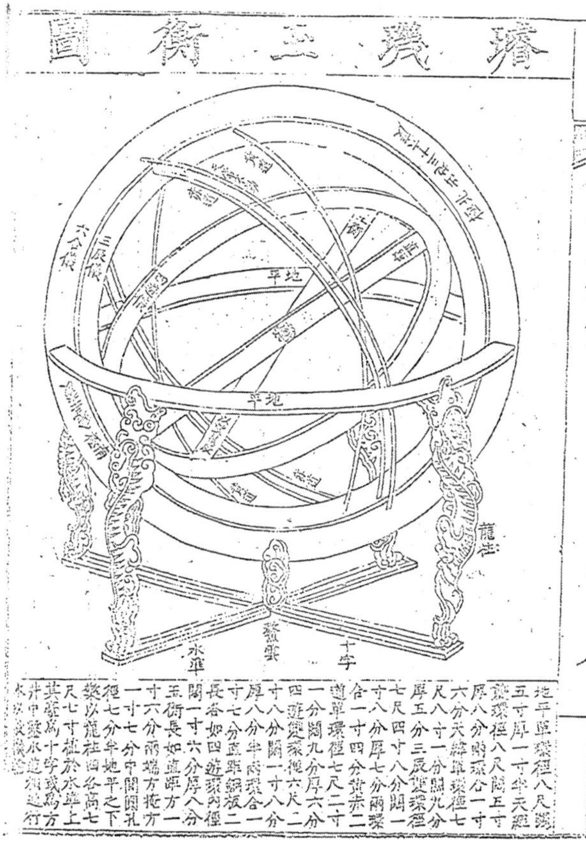

그림 4-5. 조선의 대표적인 혼의의 그림으로 알려지고 있는 선기옥형도(璇璣玉衡圖)(『서전대전집주(書傳大全集注)』에서 옮김)[27]

이 '선기옥형도'와 가장 잘 닮은 혼천의는 송이영과 이민철이 1669년에 만든 자명종 혼천의(自鳴鐘渾天儀) 또는 혼천시계(渾天時計)라고 불

27) 이 책은 현재 영국 British Library에 수장되어 있다. 全相運 교수가 이 책에서 璇璣玉衡圖를 찾아 내어 국내에 소개함으로써 여기에 옮기게 된 것이다. 책 목록 번호는 'MS15215.e10, fol 15v'이다.

그림 4-6. 홍대용(洪大容)의 것으로 추정하고 있는 혼천의(숭실대학교 박물관 소장)(전상운의 『시간과 시계 그리고 역사』, p. 174에서 옮김)

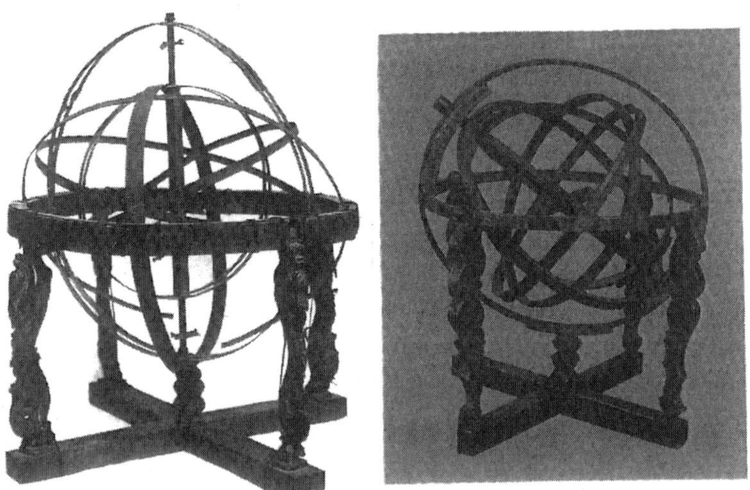

그림 4-7. 송시열(宋時烈)이 만든 것으로 전해지고 있는 혼천의(왼쪽)와 서울의 선화랑 있는 조선 시대의 혼천의(오른쪽)

리는 기기에 붙어 있는 혼천의인데, 이에 관하여는 제7절에서 다루기로 한다. 민간에서 사용된 혼천의로서 알려져 있는 것이 몇 점 있다.

2-2. 혼상(渾象)

혼상은 일명 천체의(天体儀)라고도 불린다. 그것은 둥근 구면(球面)에 하늘의 좌표를 그려 놓고, 이 좌표에 의해 알맞는 위치에 별들과 은하수를 새겨서 별들의 뜨고 지는 것을 시간과 계절에 맞춰서 보는 천문기기이다. 지구상의 지점을 볼 수 있는 지구의(地球儀)와 같은 원리로 만든 것이다.

세종 때에 만든 혼상은 혼의와 함께 경복궁 경회루 북쪽에 위치한 간의대 서쪽에 설치되어 있었는데, 혼의와 함께 하루에 한 번씩 회전하도록 수력(水力)을 이용한 기계로 운전하였다. 자세한 내용은 아래에 제시한 『세종실록』, 『중종실록』, 그리고 『증보문헌비고』 상위고를 통해서 알아 볼 수 있다.

> …… 표(表) 서쪽에 작은 집을 세우고 혼의(渾儀)와 혼상(渾象)을 놓았는데, 혼의는 동쪽에 있고 혼상은 서쪽에 있다. ……
>
> 혼상의 제도는 베[布]에 칠을 하여 몸통을 만들되 둥글기는 탄환(彈丸) 같고, 둘레는 10척8촌6분이다. 종횡(縱橫)으로 하늘 둘레의 도(度), 분(分)을 그렸는데, 적도는 중간에 있고 황도는 적도의 안팎에 드나들며, 서로의 기울기가 24도약(度弱; 弱은 −1/12도를 뜻한다)이다. 중외(中外)의 관성(官星)을 두루 나열해 놓았고, 하루에 한 바퀴를 돌고 1도를 더 지나간다. 노끈으로 해를 얽어 황도에 매고, 매일 1도씩 물러나서 행하여 하늘의 행함과 합한다. 물을 이용하여 기계가 움직이는 공교로움은 숨겨져서 보이지 아니한다(『세종실록』 제77권, 세종 19년 4월 15일).

> 관상감(觀象監)이 아뢰기를, "간의(簡儀) 혼상(渾象)은 세종조(世宗祖) 때 만든 것으로, 천문(天文)을 관측하는 기구가 하나뿐이어서 불편

하기 짝이 없습니다. 그렇다고 보수(補修)하자니 기후를 관측할 기구가 없습니다. 때문에 전일에 하나를 더 만들자고 건의했었는데 이제 다 만들었습니다. 그러나 전의 기구는 별들의 배치와 옻칠한 데가 혹 벗겨지기도 하고 떨어지기도 했습니다. 새 기구를 배설(排設)할 적에는 전의 기구의 어긋난 곳을 교정(校正)하고, 장인(匠人)을 시켜 보수하게 하는 것이 어떻겠습니까? 또 전의 기구는 어느 곳에 보관하는 것이 좋을는지 아울러 아뢰니다." 하니 전교하기를, "아뢴 대로 하라. 보수한 전의 기구는 내관상감(內觀象監)에 두도록 하라." 하였다(『중종실록』 제57권, 중종 21년 5월 11일, 계사).

선조(宣祖) 34년(1601)에 영의정(領議政) 이항복(李恒福)에게 명하여 의상(儀象)을 만들게 하였다.

이항복(李恒福)의 중수의상서(重修儀象序)에 이르기를, "서운관(書雲觀)에 있던 천문 관측용 의상(儀象)은 모두 우리 세종대왕(世宗大王)께서 성지(聖智)를 신묘하게 쓰시어 친히 지도(指敎)하시어서 만든 것이다. 기계의 운전하는 제도(制度)와 길고 짧은 치수(尺寸)는 신 정초(鄭招), 신 김빈(金鑌), 신 김돈(金墩) 등의 서(序)와 명(銘)에 상세히 설명되어 있고, 새겨져 있다. 본 기계의 부본(副本)은 사각(史閣)에 보관하여 일대(一代)의 훌륭한 제도를 후세에 전하기로 하였는데, 임진왜란(壬辰倭亂) 때에 모두 타 버렸다. 그 후 10년이 지난 신축년(辛丑年 1601년 선조 34년)에, 신 이항복이 본국(本局)의 책임을 맡게 되었는데 오래도록 의상(儀象)의 제도가 전해지지 못한 것을 걱정하던 차에 우연히 옛 간의(簡儀)와 다리[趺], 그리고 늙은 기술자 두 사람을 얻게 되어서 사각(史閣)의 기록을 참고하여 옛 제도를 회복하기를 아뢰었더니 임금께서 특별히 이를 허락하였다. 그러나 처음처럼 새로 만들어야 하는 이 시점에서 일은 크고 힘은 많이 든다. 그래서 먼저 것 중에 가장 정밀(精密)해서 만들기 어려운 것부터 만들었다. 물시계(漏器), 간의(簡儀), 혼상(渾象) 같은 것은 후세의 사람들에게 그 법식(法式)이 되게 하였다(『증보문헌비고』 제3권 상위고 3, 의상 2).

세종의 혼상도 혼의나 다른 의기와 마찬가지로 남아 있지 않다. 따라

그림 4-8. 가까이서 본 남회인(南懷仁, Ferdinand Verbiest)이 만든 혼상(北京 古天文臺 소장)

그림 4-9. 남회인이 만든 혼상의 전체 모습

그림 4-10. 1905년에 제작된 중국 자금산천문대의 혼상. 남회인의 혼상보다 약간 작으나 내용은 비슷하다(1993년 학술 조사).

서 세종 때보다는 후대의 것이기는 하지만, 세종 때의 혼상을 이해하기 위해서는 중국의 것을 참고할 수밖에 없다. 중국에는 현재 2개의 혼상이 잘 보존되어 있는데 그 중 그림 4-8과 4-9에 보인 것은 명나라 때 남회인이 만든 것으로 대단히 웅장하다.

그림 4-10에 보인 혼상은 자금산천문대에 있는 청나라 때의 것이다. 세종 때의 혼상과 크기가 비슷하여 참고가 되나, 구면을 회전시키는 장치가 없다.

현재 우리 나라에 남아 있는 것은 별들이 거의 다 지워져서 알아 볼 수 없는 형태의 작은 혼상 하나뿐이다. 그것은 경북 안동시에 있는 도산서원이 소장하고 있는 것으로 이황(李滉)이 제자들을 교육하는 데 사용한 것으로 전해 오고 있다.

일본에는 중국의 혼상처럼 큰 것은 없지만, 교육용으로 사용된 것으로 보이는 작은 혼상이 수십 개나 남아 있다. 한국에 혼상이 남아 있지

그림 4-11. 도산서원에 소장되어 있는 혼상

않다고 하는 사실이 이상하게 느껴질 정도이다. 이제 해야 할 일은 한 개라도 빨리 복원하는 것이다. 다행히 1994년에 혼상 복원이 2건 있었다. 그 중 하나는 경주의 신라역사과학관에 신라 시대의 별자리를 보여 줄 수 있는 혼상을 제작한 것이고, 둘째는 문화재관리국의 위탁을 받고 세종의 혼상을 복원 제작한 것이다. 이 복원 작업은 보고서로 남아 있다.[28] 이 두 혼상에는 인조공업다이아몬드(신라역사과학관)와 흰 조개껍질(궁중유물전시관)로 1,319개의 별들이 표시되어 있다.

신라의 별자리를 보여 주기 위하여 만든 신라역사과학관의 혼상에는

28) 나일성, 『세종대왕의 혼상』(문화재관리국: 서울), 1994.

그림 4-12. 1994년에 나일성이 제작한 신라 시대의 하늘을 보여 주는 혼상(신라역사과학관 소장)

그림 4-13. 1994년에 나일성이 복원한 세종의 혼상
(덕수궁 궁중유물전시관 소장)

항성시(恒星時)에 따라 1회전 할 수 있는 전기식 구동 장치를 지평환 밑에 설치하였다.

세종 때의 것을 복원한 문화재관리국의 혼상은 실록의 기록에 따라 혼의와 함께 동일한 구동 장치로 회전하도록 할 예정이었으나, 혼의의 복원이 지금까지 미루어져 오면서 완성되지 못한 상태로 궁중유물전시관에 전시되어 있다.

3. 대소 간의

간의는 이순지(李純之)가 김담(金淡)과 함께 가장 많이 사용한 천문 의기였을 것이라고 생각된다. 하늘에 이상한 현상(혜성이나 객성의 출현 등)이 일어날 때마다 그들은 예외없이 간의로 관측했기 때문이다. 경복궁 간의대에 설치되었던 대간의(大簡儀)에 관하여 자세한 설명이 다음과 같이 있다.

> 간의(簡儀)의 구조. 대간의(大簡儀)는 《원사(元史)》에 실린 곽수경(郭守敬)의 법(法)에 의하여 만들었다. 소간의(小簡儀)는 정동(精銅)으로 밑바탕을 만들어 가장자리에 물홈을 둘러서 남북(子午)을 맞추고, 지평을 정한다. 적도환(赤道環)의 면(面)에는 주천도(周天度) 365도 1/4로 나누어서 동서로 운전하면서 7정(七政)과 여러 별자리의 입수도분(入宿度分)을 측정한다. 백각환(百刻環)은 적도환(赤道環) 속에 있는데, 그 면(面)을 12시(時) 1백 각(刻)으로 나누어 낮의 시간은 일귀(日晷)로 알고, 밤의 시간은 중성(中星)으로 정한다. 사유환(四遊環)에는 규형(窺衡)이 붙어서 동서로 돌고, 남북으로 오르내리게 되어 있어서 규형으로 관측할 수 있다. 그리고 기둥을 세워 세 개의 환(環)을 꿰어 달아서 비스듬히 기울게 하면 사유환은 북극을, 적도환은 천복(天腹)을 기준하게 되며, 이것을 똑바로 세우면 사유환이 서서 돌고, 백각환은 음위(陰緯)가 된다. 또 경회루(慶會樓) 북쪽에 돌을 쌓아 대(臺)를 만들었

> 는데, 높이가 31척, 길이가 47척, 너비가 32척이며, 돌로 난간을 둘렀는데, 그 꼭대기에 간의를 놓고, 간의의 남쪽에는 정방안(正方案)을 놓았다(『증보문헌비고』 상위고에서 옮김).

한편 소간의에 관하여는 다음과 같은 두 기록이 있다. 이 기록을 보면 소간의는 변방으로 이동할 때 활용되기도 하고 또 광화방관천대와 창경궁관천대에 설치하여 사용하기도 한 것 같다.

> 정초(鄭招)의 소간의명(小簡儀銘)에 이르기를, "하늘의 도(道)는 하는 일이 없으니, 기(器)는 간단한 것이 좋다. 옛날의 간의(簡儀)는 기둥다리가 많았는데, 지금의 이것은 가지고 다닐 수가 있다. 사용하는 방법은 간의와 같은데, 간의보다 더 간단한 것이다." 하였다. 소간의(小簡儀)는 2건(二件)인데, 하나는 천추전(千秋殿) 서쪽에 놓고, 하나는 서

그림 4-14. 중국 청나라 시대에 제작된 간의. 중국 남경 자금산천문대에 소장되어 있다(1993년도 학술 조사 때 찍음).

운관(書雲觀)으로 보냈다(『증보문헌비고』 상위고에서 옮김).

성종 25년(1494)에 영의정(領議政) 이극배(李克培)에게 명하여 구리를 부어서 소간의(小簡儀)를 만들게 하였다. 구조는 세종조(世宗朝)의 소간의(小簡儀)에 따랐으며, 적도 단환(赤道單環)과 사유쌍환(四遊雙環)은 지름이 모두 2척이다(『증보문헌비고』 상위고에서 옮김).

이상과 같이 기록에 남아 있는 세종 때의 대간의와 성종 때의 소간의는 다 없어지고 지금은 그 부품조차 남아 있지 않다. 중국에도 원(元)의 곽수경이 만든 것은 없다. 현재 있는 것은 서양 선교사가 청(淸)의 초기에 만든 것인데 이것을 만들기 위해서 곽수경의 간의를 녹여서 썼기 때

그림 4-15. 복원된 세종 때의 대간의. 이용삼이 복원 연구하고 한국과학사물연구소가 1997년에 제작하였다(세종대왕유적관리소 소장).

문이다. 예전에는 20톤 가까이나 되는 구리를 따로 구한다는 일이 쉽지 않아서 전대의 것을 녹여서 새로 만들 때 다시 쓰는 경우가 많았다. 필자가 1993년도 학술 조사 때 시험해 본 결과, 이 간의는 지금도 사용할 수 있을 정도로 견고했고, 사유환을 따라 규형을 움직여 보았더니 거침없이 잘 회전했다(그림 4-14 참조).

세종 시대의 간의를 복원 제작하려는 연구가 진행중에 있다. 그 결과로 이용삼이 1차로 복원한 대간의가 영릉에 있는 세종대왕유적관리소에 1997년 말에 설치되었다(그림 4-15 참조). 이 복원에는 그림 4-14에 보인 자금산의 간의가 가장 중요한 참고 자료가 되었다. 따라서 외견상 자금산의 간의와 너무나 닮았으나 겉모양만이 아니라 기능까지 복원하려면 더 치밀한 설계와 정교한 제작 기술이 요구된다. 그리고 소간의의 복원도 함께 계획중에 있다.

4. 일성정시의

일성정시의(日星定時儀)는 세종 때에 발명한 천문 시계 중의 하나이다. 낮에는 해를 관측하고 밤에는 별을 관측하여 시간을 정하는 독특한 이 시계는 세종 19년(1437)에 전부 구리로 제작되었다. 이 때 모두 4개를 제작했었는데, 만춘전(萬春殿) 동쪽에 하나를 설치하고 서운관에도 하나를 내려 주었다. 다른 2개는 양계(兩界)의 원수영(元帥營)에 나누어 주었다. 그런데 다른 기기와 마찬가지로 이 일성정시의는 대단히 정밀한 관측 기기이지만 운반하는 데는 무거워서 불편하다. 그래서 작은 일성정시의(小日星定時儀)도 함께 만들었다.

세종 때에 발명한 일성정시의에 관한 자세한 설명은 『증보문헌비고』 상위고에 기록되어 있다.[29] 이 기록은 장문의 기사인데, 그 속에 있는 김돈(金墩)의 명(銘)만을 여기에 옮겨 일성정시의의 구조와 사용법을 알아 보자.

김돈(金敦)의 일성정시의명(日星定時儀銘)에 이르기를, "요 임금은 역상을 준수하고, 순 임금은 선기옥형을 관찰하였는데, 역대(歷代)로 서로 전하여 내려옴에 따라 구조가 더욱 정밀해졌다. 때로는 의(儀)라 하고 때로는 상(象)이라 하여 그 이름이 같지 않았으나, 땅을 내려다보고 하늘을 우러러보며 관찰하여 백성에게 때를 정확하게 알려 주었다. 이제 몇 시대는 이미 멀어졌고, 여러 제도도 폐지되었다. 그러나 백성은 아직 남아 있다 하더라도 누가 그 뜻을 알아 보겠는가? 우리 인군이 때 맞추어 두 임금의 행적을 받들어 표루의상(表漏儀象)의 옛 제도를 다시 일으켰으니, 시간에는 백각(百刻)이 있어서 주야를 나누었고, 태양을 측정하는 데 기계로는 갖추어지지 않은 것이 없다. 겸하여 밤의 관측을 위하여 새로운 기계를 만들도록 명하였으니, 그 이름이 무엇인가? 일성정시의(日星定時儀)이다. 무엇에 쓰는 것인가? 별을 살펴보고 햇볕과 맞추는 것이다. 그 재료는 구리를 썼는데, 그 제작이 비길 데가 없다. 먼저 둥근 바퀴를 만들고, 긴 막대기가 십자(十字)로 엇갈려 남북으로 오르내리게 하였는데, 이는 적도(赤道)의 눈금을 모방하였다. 받침대 위에는 용이 서리고 있으면서 입으로 바퀴 자루를 물고 있는데, 도랑이 못과 연결되어서 물의 수평을 바로잡게 되어 있다. 바퀴 위에 3개의 환(環)은 서로 의지하며 연결되었는데, 바깥 것은 주천환(周天環)이라 하여 도와 분이 배열되어 있고, 그 속에 2개의 환이 있어서 일귀환(日晷環)과 성귀환(星晷環)이 따로 나누어졌다. 성귀환 각의 눈금은 하늘의 도수와 같이 차이가 있다. 내환과 외환은 회전하나, 중환은 고정되어 있다. 계형(界衡)이 바퀴의 면을 가로지르고, 축이 그 한가운데를 꿰뚫고 있다. 축을 뚫어 낸 구멍은 겨자바늘과 같이 가늘다. 양쪽에 구멍이 뚫린 계형의 끝에는 도수와 각수가 똑똑하게 새겨져 있고, 두 마리 용이 축을 끼고 정극환(定極環)을 받치고 있다. 환에는 겉과 안이 있어서 별이 그 두 환 사이에 나타난다. 그 별이 무슨 별인가? 구진대성(句陳大星)과 천추성(天樞星)이다. 이에 의하여 남북이 정해지며, 동서가 이에

29) 『증보문헌비고』 상위고.

> 따라 나누어진다. 관측하는 방법은 어떠한가? 줄(線)을 써서 관찰하는데, 줄은 환 위에서 곧바로 아래의 계형 끝을 꿰뚫고 있다. 태양을 측정할 때에는 두 줄을 쓰고, 별의 위치를 측정할 때에는 한 줄을 쓴다. 제좌(帝座)가 붉고 밝으며, 북극에 가까우니, 줄을 써서 맞추어 보면 시각을 알 수 있다. 먼저 누각(漏刻)에 물을 흘러내리게 하여 자정을 이에 관측하고, 바퀴에 표시를 하여 주천도의 기점을 삼는다. 매일 밤에 주천환을 따라 도분(度分)의 시작과 끝을 살핀다. 기계는 간단하고 정밀하며, 주천환을 쓰는 방법이 치밀하다. 몇 번이나 선철(先哲)의 손을 꺾었어도 이 제도는 아직 결함이 있다. 우리 인군은 천운의 도수를 먼저 아시어 이 기계를 처음으로 만드셔서 이를 희화(羲和)에게 내리시니, 만세의 보배이다(『증보문헌비고』 상위고에서 옮김).

위에 보인 김돈의 명(銘)에 명기된 것처럼 일성정시의는 세종대에 제작된 독특한 발명품이다. 원의 곽수경(郭守敬)이 이와 비슷한 의기를 제작한 바 있다고는 하지만, 남아 있는 유물은 고사하고 이에 관한 문헌조차 중국에는 없다.

세종의 일성정시의도 지금은 완전한 상태로 남아 있지 않다. 1900년대 초까지는 2개의 백각환이 1개의 받침대 위에 붙어 있는 것이 있었다(그림 4-16 참조). 사진에 있는 두 환은 왼쪽이 일귀환(日晷環)이고 오른쪽이 성귀환(星晷環)이다. 이것이 거의 완전한 형태라고 본다면, 좀 무겁기는 하지만, 분명히 운반하며 사용했던 소일성정시의(小日星定時儀)일 것이다.

지금 세종대왕기념사업회 박물관에 보존되어 있는 1개의 환과 받침대판은 그림 4-16과는 또 다른 것이다. 받침대판에는 환이 1개만 붙이도록 되어 있기 때문이다(그림 4-17 참조).

최근에 남문현과 이용삼이 공동으로 세종의 일성정시의의 복원을 시도한 바 있다. 그 결과로 몇 개를 제작하였는데, 그림 4-18에 보인 것은 그 중 하나이다. 이 복원품의 받침판의 모양은 그림 4-16이나 그림 4-17

그림 4-16. 1900년대 초에 찍은 일성정시의. 이 때만 해도 완전한 상태였다(W. C. Rufus의 *Korean Astronomy*에서 옮김).

그림 4-17. 현재 남아 있는 일성정시의의 백각환 1개와 받침대판(세종대왕기념사업회 소장)

그림 4-18. 세종 때의 일성정시의 복원품. 이 복원품은 남문현과 이용삼의 복원 연구를 거쳐 한국과학사물연구소가 제작하였다. 화강암으로 만든 받침대석은 세종대왕기념사업회 박물관의 것을 본따서 최도성이 만든 것이다(나일성천문관 소장).

의 것과는 다르다. 즉 그림 4-16과 4-17에는 용주가 받침판에 부착되어 있는 경사진 붙임 장치에 꽂도록 되어 있는데, 남문현과 이용삼의 복원품의 용주는 받침판에 수직하게 그대로 꽂혀 있다. 이 복원은 Needham 등이 제시한 설계 도면에 아주 흡사하다. 따라서 외견상 실록의 기사에 충실하도록 노력한 것이다. 그러나 기능까지 복원하려면 간의의 경우와 마찬가지로 더욱더 치밀한 설계와 정교한 제작 기술이 발휘되어야 할 것이다.

5. 네 종류의 해시계

천문학 용어 중에는 '구(球)' 자가 들어 있는 것이 많다. '둥글다'는 뜻이 있는 지구(地球), 월구(月球), 일구(日球) 등에 주로 사용된다. 그런데 한글로만 표기할 때와 발음할 때 월구(月球)와 일구(日球)는 월귀(月晷)나 일귀(日晷)와 구별이 되지 않는다. 후자인 월귀(月晷)와 일귀(日晷)는 각각 달시계와 해시계를 뜻하는 말이다. 그런 혼란이 있어서 유경로[30]가 여러 문헌을 검토한 바 있는데, '晷'를 '구'와 '귀'로 다 읽을 수 있다는 결론을 얻은 바 있다. '晷'는 천체의 위치를 가지고 시각을 정할 때 쓰이는 글자이기 때문에 한글로 표기할 때는 앞에 든 예와 마찬가지로 '둥글다'는 뜻과 구별이 잘 되도록 '귀'로 표기하는 것이 더 편리하다고 생각하여 이 책에는 '귀'로 통일한다.[31]

세종 시대의 과학의 특징 중 하나는 해시계의 혁명이다. 종래 삼국 시대로부터 조선의 건국 초기까지 사용되어 오던 해시계라고 하면, 모두 평평한 돌에 방향 표시를 해 놓고 그 중심에 가는 기둥을 수직으로 세워서 해의 그림자가 가리키는 방향으로 시간을 측정한 지평일귀(地平日晷)였다. 그러나 이 때에 이르러 여러 가지 다른 원리와 형태를 갖춘 해시계가 개발되었다. 세종 때의 해시계에는 일성정시의를 제외하면 크게

30) 兪景老, 『한국과학사학회지』 제10권, 1988, pp. 131-134.

31) '車'를 차 또는 거로, '龜'를 구 또는 귀로, '宿'을 숙 또는 수로, '見'을 견 또는 현으로 하는 등 이중으로 읽는 경우가 있다. 古天文의 문헌을 다룰 때는 '宿'을 수로, '見'은 현이다. 그러므로 '晷'를 그림자를 이용하는 시계를 표기할 때 귀로 하는 것은 어문학적 입장을 떠나 편의상으로도 옳은 일이다.

4가지 종류가 있는데, 그 하나하나를 차례로 조사해 보기로 하자.

5-1. 현주일귀(懸珠日晷)

현주일귀는 시반(時盤)을 그 지방의 위도에 맞춰서 경사지게 해 놓고 중심에 꽂아 놓은 영침의 끝에서 늘어뜨린 실이 만드는 그림자를 측정하는 해시계이다. 세종 19년(1437)에 처음 만든 현주일귀에 관한 자세한 설명이 『증보문헌비고』에 다음과 같이 기록되어 있다.[32)]

> 현주일귀(懸珠日晷)는 네모진 밑바탕에 길이가 6촌3푼인데, 그 북쪽에 기둥을 세우고, 그 남쪽에 못을 파 놓았으며, 북쪽에 십자(十字)를 그려 놓고, 기둥 끝에 추(錘)를 달아 놓아서 십자와 서로 닿게 하여 수준(水準)을 기다리지 않고 수평이 되게 하였다. 그리고 작은 바퀴에 1백각(刻)을 그려 넣었는데, 그 바퀴의 지름이 3촌2푼이며, 자루가 비스듬히 기둥에 꿰어져 있다. 그 바퀴의 중심에 구멍을 뚫어서 한 가닥 가느다란 줄을 꿰어 위는 기둥 끝에 연결하고 아래는 밑바탕 남쪽에 연결했는데, 그 줄의 그림자 위치로 시각을 읽게 되어 있다.

위에 소개한 『증보문헌비고』의 기사를 참조하여 지금까지 여러 사람들이 그 모형을 설계한 바 있다.[33)]

세종 때의 현주일귀를 본따서 만든 것으로 보이는 해시계가 해인사에 보존되어 있다(그림 4-20 참조). 1993년에 손보기, 전상운, 나일성, 남문현 등이 조사한 바에 의하면, 이 현주일귀는 조선 중기에 만든 것으로

---

32) 『증보문헌비고』 상위고.

33) 3가지 모형도가 있는데, 첫째는 전상운, 『향토 서울』 제17호, 1963, p. 56. 둘째는 Needham *et al.*, *The Hall of Heavenly Records*(Cambridge University Press: Cambridge, UK), 1986, p. 85, 그리고 남문현, '현주일귀', 『과학기술문화재 복원 기초조사 및 설계 보고서』, 1992, p. 137 등이다.

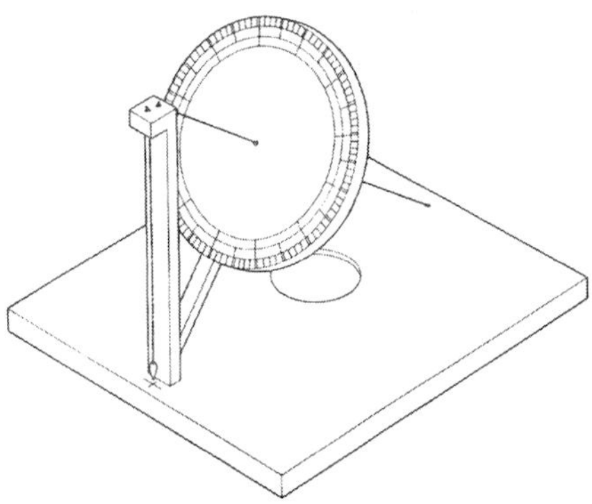

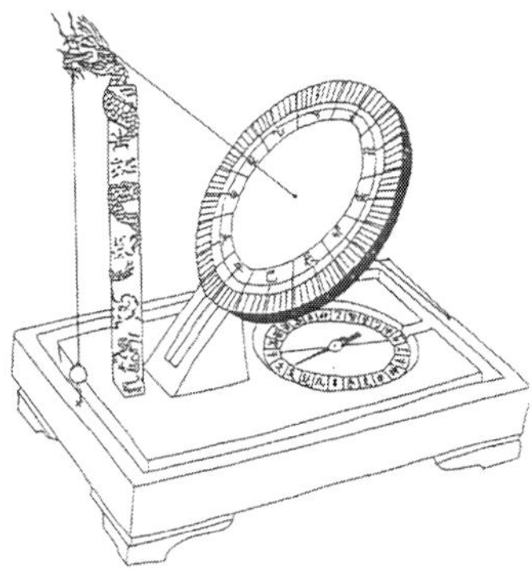

그림 4-19. 현주일귀의 여러 모형도. 왼쪽은 Needham 등의 것이고, 오른쪽은 남문현의 것이다.

그림 4-20. 해인사 현주일귀(해인사 소장)

판단하였다. 손바닥만한 크기의 받침대에 둥근 시반이 비스듬히 걸쳐 있는 것이 한양의 위도를 택한 것 같다. 전체가 구리로 되어 있고, 휴대용으로 사용하기에 알맞게 잘 만든 것이다.

이 현주일귀의 시반은 양면에 눈금이 새겨져 있는데, 한면은 춘분에서 추분까지 또 다른 면은 추분에서 춘분까지 사이에 사용한 것이다. 이 시반에는 3개의 원이 있는데, 가장 안쪽의 원에는 자(子)에서 해(亥)까지 十二時를 표기했고, 가운데 원은 그 반인 24선으로, 그리고 가장 바깥쪽 원은 1刻(15分)을 표시한 4개의 선이 등간격으로 표시되어 있지만 첫 선 앞에는 또 다른 선이 초각(初刻) 앞에 4등분한 간격의 1/4 정도 떨어져 있다. 이 마지막 선은 계절에 따른 시간 조절을 위한 것으로 보인다. 기둥과 추는 없어졌으나 시반의 중심에 구멍이 있는 점으로 보아 가느다란 줄을 꿰기 위한 것으로 보인다.

이 해시계는 사용하는 데 편하게 만든 것으로 보이는 네도 불구하고, 유물이 잘 보존되어 있는 것이 없다는 사실로 미루어 그 후에는 잘 계승되지 않았다고 생각된다.

5-2. 천평일귀(天平日晷)

『세종실록』에 '말을 타고 가면서도 시각을 알지 않을 수 없으므로 천평일귀(天平日晷)를 만드니' 라고 하였으니, 천평일귀는 세종대에 제작된 4종의 일귀 중 가장 간단한 것임을 다음 『증보문헌비고』의 기록을 보아서도 알 수 있다.

> 천평일귀(天平日晷)는 그 구조가 현주일귀와 거의 같은데, 단지 밑바탕의 남쪽과 북쪽에 못을 파고, 그 중심에 기둥을 세워 노끈을 기둥에 끼워 놓고 이것을 들어서 남쪽을 가리키게 한 것이 다를 뿐이다(『증보문헌비고』 상위고 2: 24ㄴ).

이 천평일귀는 수평을 유지하도록 물흠을 남쪽과 북쪽에 한 개씩 만든 네모난 판 가운데에 현주일귀의 시반을 그려 넣으면 되는 것이다. 그

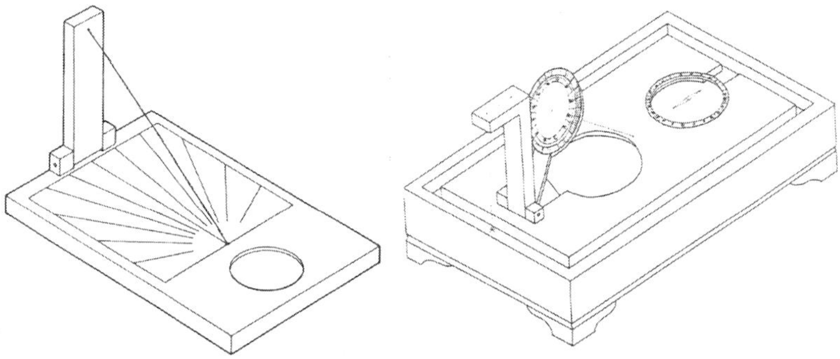

그림 4-21. 천평일귀의 모형도. 왼쪽은 Needham 등의 것이고, 오른쪽은 남문현의 것이다. 『증보문헌비고』의 기록과는 차이가 있어 보인다.

시반의 중심에 막대를 수직하게 꽂고 막대 끝과 판의 남쪽을 잇는 실을 매어서 정남을 향하게 하면 실의 그림자를 가지고 시각을 알 수 있는 것이다.

과거 2~3백 년 전의 것으로 추측되는 여러 유물들을 보면, 가운데 세운 기둥과 노끈이 사라진 것이 전부이다. 또 수평을 잡기 위한 연못도 생략되었다. 따라서 세종대 이후에는 이 천평일귀는 신라 때의 지평일귀와 같은 모양으로 환원되고 말았다.

천평일귀는 아직까지 복원된 것은 없고, 단지 3가지 모형 설계[34)]가 알려지고 있을 뿐이다(그림 4-21 참조).

5-3. 정남일귀(定南日晷)

정남일귀는 앞에 소개한 2개의 해시계(현주와 천평일귀)보다 그 구조가 훨씬 더 복잡하다. 방향을 표시하는 눈금을 1/4도(度)까지 정밀하게 읽을 수 있도록 세분하여 새긴 지평환(地平環)과 사유환(四遊環)으로

34) 全相運, 「李氏朝鮮의 時計製作 小考」, 『鄕土 서울』 제17호, p. 56, 1963과 Needham 등, *The Hall Ofeavenly Records* (Cambridge University Press: Cambridge, UK), p. 87, 1986에 각각 그림이 있다.

되어 있는데, 이와 같은 종류의 해시계는 이슬람 지역에서 일찍부터 개발되었고, 뒤이어 유럽에서 널리 통용되고 있었던 것이다.

세종 19년(1437)에 만든 이 정남일귀에 대한 자세한 설명이 『세종실록』 77: 10ㄴ에 기록으로 남아 있음에도 불구하고 그 후 다시 제작되었다는 기록은 보이지 않을 뿐만 아니라 이와 유사한 형태의 해시계의 유물도 남아 있지 않다. 『세종실록』과 거의 똑같은 내용이 『증보문헌비고』 상위고에도 있으므로 이 후자를 옮겨 보면 다음과 같다.

> 정남일귀(定南日晷)는 밑바탕의 길이가 1척2촌5푼이며, 양쪽 머리의 너비가 4촌, 길이가 2촌이고, 허리는 너비가 1촌, 길이가 8촌5푼이며, 가운데 지름이 2촌5푼이 되는 둥근 못이 있는데, 그 물이 양쪽 머리로 통하여 기둥 옆으로 도는 물홈〔水渠〕이 있다. 북쪽 기둥은 길이가 1척1촌, 남쪽 기둥은 길이가 5촌9푼이다. 그리고 북쪽 기둥의 1촌1푼 아래와 남쪽 기둥 3촌8푼 아래에 각각 축이 있어서 사유환(四遊環)을 받치고 있고, 이 사유환은 동서로 돌게 되어 있다. 여기에 반주천도(半周天度)를 새겨 놓았고, 1도를 4로 나누었다. 북쪽 16도로부터 1백67도까지는 가운데가 비어서 쌍환(雙環) 모양이 되어 있고, 나머지는 전환(全環)으로 되어 있다. 그 속에 한 획(一劃)을 중심에 새기고, 바닥에 네모진 구멍을 내었다. 직거(直距)를 가로 설치하고, 그 직거의 가운데 6촌7푼 되는 곳은 비워 두고 규형(窺衡)을 설치하였다. 규형의 위쪽은 쌍환에 꿰어져 있고, 아래쪽은 전환에 닿았는데, 이것이 남북으로 오르내리게 되어 있다. 수평으로 지평환(地平環)을 설치해서 남쪽 기둥의 머리와 가지런하게 해 놓고, 하지의 입출입 시각을 기준하게 하였다. 반환(半環)을 지평환 아래에 가로 설치하고, 속을 1백 각(刻)으로 나누어서 네모진 구멍에 맞닿게 하였다. 밑바탕 북쪽에 십자(十字)를 긋고 북쪽의 추 끝에 추(錘)를 달아 십자와 서로 맞닿게 하였는데, 이 또한 수평을 취하는 방법이다. 규형을 써서 매일매일의 태양의 북극 거리에 따라 태양 그림자의 정원(正圓)을 투입하게 하고, 네모진 구멍에 의거하여 반환의 시각을 내려다보면 정남침(定南針)을 쓰지 않고서도 남쪽 방향을 정하고, 시각을 알 수 있게 하였다(『증보문헌비고』 상위고 2: 24ㄴ

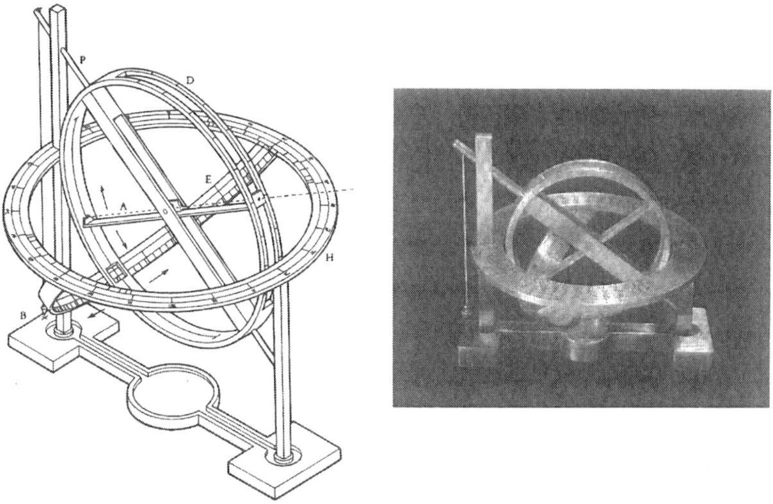

그림 4-22. Needham 등이 설계한 정남일귀(왼쪽)와 한국표준과학연구원이 복원한 정남일귀

~25ㄱ).

이 정남일귀에 관한 연구로는 영국의 Needham 교수팀의 것이 잘 알려져 있다. 그들이 만든 복원도(그림 4-22 왼쪽 참조)를 보면 이 해시계가 다른 3가지 해시계보다 복잡하다는 것을 알 수 있다. 최근에는 한국표준과학연구원의 연구진들이 이 정남일귀를 복원 제작하였는데, 그 모습은 Needham 등이 제시한 복원도와 거의 꼭 같다(그림 4-22 오른쪽 참조).

5-4. 앙부일귀(仰釜日晷)

세종 때에 제작한 4종의 해시계 중 앙부일귀는 세종 시대에는 말할 것도 없고 그 이후에도 많은 사람들이 애용하게 되어 지금까지도 한국의 해시계의 대명사가 될 정도로 널리 보급되고 있다. 앙부일귀는 그 모양새가 특이할 뿐만 아니라 실용적이면서도 정확도가 높은 해시계인 동시에 예술적으로도 높이 평가되는 아름다움을 함께 지니고 있어서 많은 사람들의 사랑을 받고 있다. 『증보문헌비고』 상위고에 있는 다음과 같은 김돈(金墩)의 명(銘)[35]은 이 앙부일귀의 원리와 생김새를 이해하는 데 도움이 된다.

> 김돈(金墩)의 앙부일귀명(仰釜日晷銘)에 이르기를, "무릇 시설하는 것으로써 시간에 관한 것보다 더 중요한 것은 없다. 밤에는 경루(更漏)가 있으나, 낮에는 알기 어렵다. 구리를 부어서 그릇을 만들었는데, 모양이 솥〔釜〕과 같다. 지름에 둥근 송곳을 설치하여 북에서 남으로 마주 대하게 했으며, 움푹 패인 곳에서 휘어서 돌게 했고, 점을 깨알같이 찍었는데, 그 속에 도(度)를 새겨서 반주천(半周天)을 그렸다. 귀신을 그린 것은 무식한 백성을 위한 것으로, 시각이 정확하고, 해 그림자가 명백하다. 길가에 놓아 두니, 구경꾼이 모여든다. 이로부터 백성도 이것을 만들 줄 알게 되었다." 하였다(『증보문헌비고』 상위고 2: 25).

이 기록에는 세종대왕의 큰 뜻 두 가지가 담겨 있다. 첫째는 "길가에 놓아 두니 구경꾼이 모여든다"는 것인데, 좀더 확실하게 말한다면 세종은 2개를 더 만들어 백성들을 위해서 하나는 혜정교(惠政橋) 곁에 놓았고 또 다른 하나는 종묘(宗廟) 남쪽 거리에 설치했다. 이 사실은 이 앙부일귀는 세계에서 최초로 만든 공중 시계인 셈이다. 그리고 글을 모르는 어리석은 백성들도 이 시계를 사용할 수 있도록 시반(時盤)에 어려운 한자(漢字) 대신에 시를 의미하는 동물(十二之像)을 그려 두었다. 둘째는 '이로부터 백성도 이것을 만들 줄 알게 되었다'는 것이다. 세종의 과학은 철저하게 백성들의 편에 선, 백성을 위한 과학이었던 것이다.

그러나 이 두 시계는 지금은 남아 있지 않기 때문에 "점을 깨알같이

35) 『증보문헌비고』 상위고 2: 25ㄱ, ㄴ.

그림 4-23. 상징적으로 복원한 혜정교와 앙부일귀(나일성천문관 소장)

찍었는데, 그 속에 도(度)를 새겨서 반주천(半周天)을 그렸다"는 이 표현이 잘 이해되지 않고 있다. 그리고 '귀신을 그린 것은 무식한 백성을 위한 것'이라 한 귀신의 생김새를 어떻게 작은 시반 안에 그려 넣었는가 하는 점이 지금 세종의 앙부일귀를 복원하는 데 걸림돌이 되고 있다.

보물 제845-1과 제845-2 앙부일귀: 보물로 지정되어 있는 앙부일귀 2점이 덕수궁 궁중유물전시관에 보존되어 있다. 그러나 모두 세종 이후인 1636~1713년 사이에 놋쇠로 만든 것들이다. 해시계의 시반의 외경은 약 24cm이며, 이 시반을 받치고 있는 4개의 다리는 십자 모양을 한 물받이로 연결되어 있다. 이 물받이는 물을 채워 시반의 수평을 취하기 위한 것이다. 시반은 정확한 반구(半球)로 된 면인데, 남쪽에는 북극을 향해 영침(影針)이 꽂혀 있고 위에서 속을 내려다보면 이 면에 두 종류의 호(弧)가 정교하게 그어져 있다. 이 중 하나는 영침과 평행하게 그어진 12시 선이다. 이것을 시선(時線)이라 하는데, 이 시선 사이에는 다시

8등분한 각선(刻線)이 있다. 따라서 각선과 각선 사이는 지금의 15분에 해당한다. 또 다른 호는 모두 13개의 평행선이다. 이 선은 24절기를 알아 볼 수 있는 선인데, 시선과는 직각이다. 이것을 절기선(節氣線)이라고 하는데, 평행으로 그은 절기선의 간격은 중앙에 있는 춘추분에 해당하는 선의 상하는 넓으나, 두 끝 선인 동지선(冬至線)과 하지선(夏至線) 근처는 좁다. 영침의 그림자의 끝을 눈대중으로 읽으면 하루의 시각선으로 1~2분 정도로 정확하게 시각을 잴 수 있으며, 또한 1년의 절기선으로 2~3일 정도의 정확도로 날짜를 알아 볼 수 있다. 따라서 이 앙부일귀는 하루의 시간을 재는 시계인 동시에 일 년의 날짜와 절기를 알아 보는 달력이기도 한다.

이런 앙부일귀는 이 두 보물 외에도 국내와 국외에 여러 점이 더 있다.

그림 4-24. 왼쪽은 보물 제845로 지정된 앙부일귀(궁중유물전시관 소장). 오른쪽은 복제품을 올려놓는 앙부일귀 받침대(나일성천문관 소장)

실용화에 성공한 앙부일귀: 조선 후기에 와서는 구리 대신에 돌이나 나무 또는 상아 등 여러 가지 소재로 만든 앙부일귀가 등장한다. 어떤 것은 집의 뜰에 둔 큰 돌로 만든 것도 있고(그림 4-25 위), 상아나 자기로 작게 만들어 휴대용으로 사용한 것도 있다(그림 4-25 아래). 이런 앙

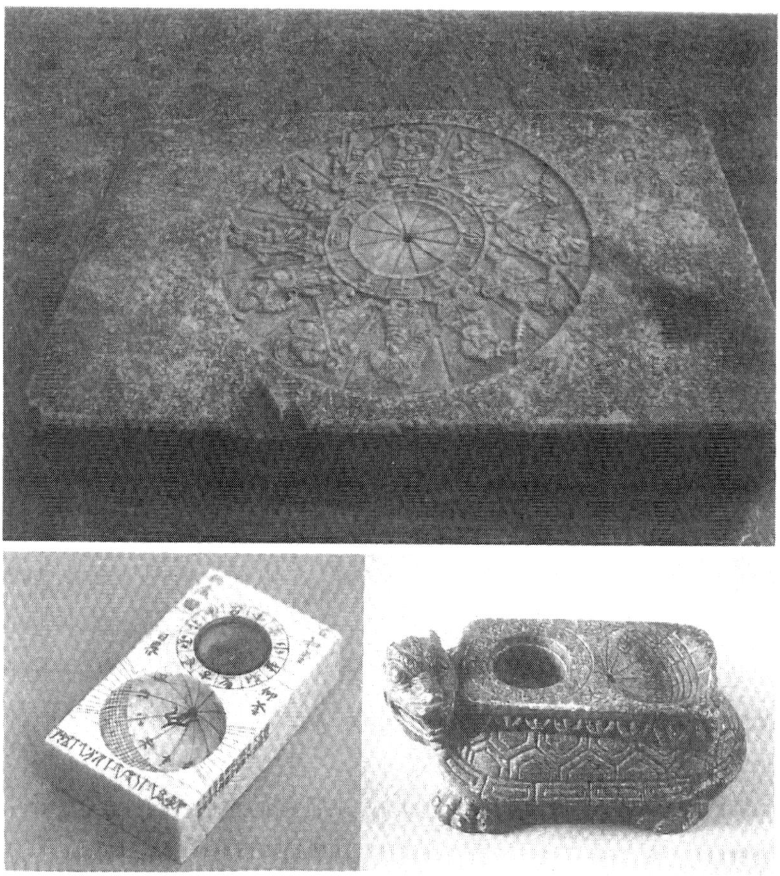

그림 4-25. 위는 사대부 집안에서 사용한 화강암석으로 만든 앙부일귀(국립중앙과학관 소장), 아래는 작은 휴대용 앙부일귀 2점(개인 소장)

부일귀는 거의 모두 민간에서 만든 것이므로 세종대왕이 뜻한 과학의 대중화 운동이 성공한 사례인 셈이다.

6. 자격루와 옥루

한국의 역사서에 물시계에 관하여 언급한 최초의 기록은 『삼국사기』에 있는 다음과 같은 두 가지이다.

> 신라 성덕왕(聖德王) 17년(718) 여름 6월. 비로소 누각(漏刻)을 만들었다(『삼국사기』).

> 신라 경덕왕(景德王) 8년(749) 봄 3월. 천문박사(天文博士) 1명과 누각박사(漏刻博士) 6명을 두었다(『삼국사기』).

그러나 성덕왕 17년(서기 718)에 만든 누각(漏刻)이 어떤 물시계였는지는 전혀 알려져 있지 않다. 신라인들은 첨성대를 만들고 당과의 국제교류가 활발해짐에 따라 정확한 시간 측정이 이전보다 더 요청되었을 것이다. 그리고 첨성대에서 별을 관찰하기 위해 밤의 시간 측정에 더욱 힘썼다. 그 결과 경덕왕 8년(서기 749)에는 천문박사 1명과 함께 6명의 누각박사를 둔 것이다. 많은 양의 물을 제때에 갈고 또 채워야 하는 번거로운 일과 밤에도 당직을 서야 하기 때문에 누각박사가 6명이나 필요했을 것으로 보인다. 이 때의 신라 물시계는 중국(당나라)에서 사용했던 물시계와 비슷한 것을 만들어 썼을 것으로 짐작할 뿐 남아 있는 유물로는 간단한 물통 하나로 되어 있는 전등사(傳燈寺)의 물시계뿐이다.[36]

---

36) 全相運, 『韓國科學技術史』(正音社: 서울), 1984(중판), p. 75.

그림 4-26. 전등사의 물시계〔全相運, 『韓國科學技術史』(正音社: 서울), 1984(중판), p. 75에서 옮김〕

문헌으로는 더 이상 당시의 물시계를 상고할 방법이 없으나 당나라 때의 중국 물시계의 그림과 유물을 참고하여 신라 시대의 물시계를 고증하여 정장해와 이용삼이 시작품(試作品)을 만든 바 있다. 이것은 현재 경주에 있는 신라역사과학관에 전시되어 있다.

고려 시대도 물시계는 있었고 이 물시계와 해시계를 담당하는 관원도 있었다. 『고려사』 백관지에 의하면, 고려에는 설호정(挈壺正)과 장루(掌漏)와 같이 누각을 전담한 관리가 있었다고 한다.[37] 이들이 실제로

37) 全相運, 『韓國科學技術史』(正音社: 서울), 1984, p. 76.

물시계를 사용하여 시각을 측정한 기록이 『고려사』에 두 곳 있다. 그 중 하나는 『선명력(宣明曆)』, 다른 하나는 『수시력(授時曆)』에 따라 물시계로 주야의 길이를 측정하는 것인데, 설명은 다음과 같다.

> 구복에 있는 곳의 시각을 구하는 법(求九服所在漏刻)
> 동하지에 각 소재지에서 물시계에 떨어지는 양으로서 그 곳의 낮과 밤의 시각으로 하고, 상멸하여 동하지의 차각(差刻)으로 하며, 이를 반분하여 2지(동지와 하지)를 가감함으로써 주야수(晝夜數)가 된다. 하지는 더하고 동지는 감함으로써 춘추분이 된다. 하루의 주야각수를 정하고 곧 매기(每氣)의 계신루차(屆申漏差)를 놓아 그 곳의 동지와 하지의 시간차로서 이를 곱하고, 동지와 하지의 거극차도 47과 80분의 1을 더하여 얻는 바를 분(分)에 따라 2분 초일(初日)의 낮과 밤의 시각을 가감한다. 춘분 전과 추분 후는 밤에는 더하고 낮에는 감하며 춘분 후와 추분 전은 낮에는 더하고 밤에는 감하여 각 소재지의 정기 초일의 밤낮의 물시계 시각을 얻는다(『고려사』 50: 48ㄱ, ㄴ).

> 구복에 있는 곳의 시각을 구하는 법(求九服所在漏刻)
> 각기 그 있는 곳에서 의기로서 측험하고 혹은 하수루(下水漏)로서 그 곳의 동지 혹은 하지 때의 밤 시각을 정하여 이와 50각을 상멸하고 남는 수를 지차각(至差刻)으로 한다. 알려고 하는 날의 황도와 적도의 내외도분을 가지고 지차각으로서 이를 곱하여 한 자리를 올려서 239분의 1로 하여 얻은 수치를 내도(內度)에서 50각을 감하고 외도(外度)에서 50각을 가하면, 곧 얻으려는 밤 시각이 되며, 100각을 가하여 남는 수가 낮 시각이다(『고려사』 51: 56ㄴ~57ㄱ).

고려인들이 사용한 물세계가 어떤 모양을 한 것인지 현재 남아 있는 유물이 없어서 고증할 방법이 없다.

조선 시대가 되면 시간 측정이 대단히 정확해진다. 만일 늦은 밤이라 하더라도 시간 측정을 게을리 하는 담당 관원이 있으면 크게 벌한 것은 고려 때부터 있었던 일이다.

> 상왕(태종)이 물시계로 시간을 알리는 것이 틀리므로, 서운관정(서운관의 책임자) 유당(柳塘)을 의금부에 가두다(『세종실록』 8: 23ㄴ).

세종의 시대가 되면 많은 천문 의기 제작과 때를 같이하여 지극히 정교하면서도 정확한 물시계인 옥루와 자격루를 각각 만든다. 이 두 물시계는 당시의 제작 기술이 얼마나 발달하였는가를 보여 주는 좋은 예로서 지금도 그 물시계의 작동 원리는 많은 학자들의 연구 대상이 되고 있다.

6-1. 흠경각(欽敬閣)과 옥루(玉漏)

경복궁에는 큰 물시계를 설치하기 위해 지은 각(閣)이 두 개 있었다. 그 중 하나는 흠경각(欽敬閣)이고, 다른 하나는 보루각(報漏閣)이다. 흠경각은 세종대왕이 애용한 물시계인 옥루(玉漏)를 설치한 곳인데, 이 옥루를 제작한 사람은 장영실(蔣英實)이다. 그러나 이 옥루는 원나라의 곽수경(郭守敬)이 만든 대명전 정루(大明殿灯漏)나 1354년에 원의 순제(順帝)가 설계했다는 궁루(宮漏)보다도 더 정교한 것이었으므로 장영실 혼자서 완성했으리라고는 믿기 어렵다. 따라서 당대의 최고 과학자라고 할 만한 정초, 이천, 정인지, 김돈, 이순지 등의 협조가 있었을 것이라고 추측된다.

흠경각과 옥루에 관한 기록은 『세종실록』에 두 곳과 『증보문헌비고』에 있는데, 먼저 세종 19년 4월 15일 실록을 보면,

> 천추전(千秋殿) 서쪽에 작은 집을 짓고 이름을 흠경각(欽敬閣)이라 하고, 종이를 붙여서 산 모양을 만들어 높이는 7자 가량인데, 집 가운데 놓고 안에는 기륜(機輪)을 만들어서 옥루수(玉漏水)를 이용하여 치게 하였다. 오색 구름은 해를 둘러 나들고, 옥녀(玉女)는 때를 따라 방울을

> 흔들며, 사신 무사(司辰武士)는 스스로 서로 돌아보고, 4신(辰)과 12신(辰)은 돌고 향하고 일어나고 엎드린다. 산 사면(四面)에는 빈풍(豳風) 사시(四時)의 경(景)을 진열하여 백성의 생활이 어려움을 생각하게 하였다. 기기(攲器)를 놓고 루수(漏水)의 남은 물을 받아서 천도(天道)의 영허(盈虛)하는 이치를 살피게 하였다(『세종실록』 77권, 세종 19년 4월 15일).

이다. 그런데 이 날 흠경각과 옥루가 완성된 것 같지는 않다. 다음 해인 세종 20년 1월 7일에 좀더 자세한 김돈의 기문이 있는데, 그 중 일부를 추려 보면 다음과 같다.

> 흠경각이 완성되다. 이는 대호군(大護軍) 장영실이 건설한 것이나 그 규모와 제도의 묘함은 모두 임금이 마련한 것이며, 각(閣)은 경복궁 침전 곁에 있다. 임금이 김돈에게 명하여 기문(記文)을 짓게 하니, ……
>
> 모든 기구를 후원에다 설치하였으므로 시간마다 점검하기가 어려울까 염려하여, 이에 천추전 서쪽 뜰에다 한 칸 집을 세웠도다. …… 시경 빈풍도(詩經豳風圖)에 의하여 인물, 조수, 초목 여러 가지 형용을 나무를 깎아 만들고, 절후에 맞추어 벌려 놓았는데 칠월 한 편의 일이 갖추어지지 않은 것이 없다. 집 이름을 흠경이라 한 것은 서경 요전 편에 '공경함을 하늘과 같이하여, 백성에게 절후를 알려 준다(欽若昊天, 敬授人時)' 인 데에서 따 온 것이다(『세종실록』 80권, 세종 20년 1월 7일).

흠경각과 옥루는 예사로운 시설이 아니다. 김돈이 위에 언급한 바 대로 모든 기구를 후원(경회루를 뜻함)에 두었기 때문에 세종대왕이 바쁜 정사를 보는 틈틈이 찾아가기 불편해서 침소 가까이에 옥루를 설치했다는 것이다. 책임진 서운관 관리들이 있는데도 임금이 무엇 때문에 친히 자주 가서 점검할 필요가 있었다는 것인가.

이 물시계는 대단히 정교하고 기능이 다양하여 세종대왕이 원한바 하루의 시각 측정과 사계절이 변하는 모습까지 알아 볼 수 있는 장치이다. 그는 궁궐 밖으로 자주 행차하여 백성들이 사는 모습과 농사일이 어찌 되어 가는지 직접 보기를 원했다. 그러나 임금의 궁궐 밖 행차는 대단히 번거롭고, 수백 명에 이르는 수행원들이 함께 가는 길에 끼치는 민폐가 컸다. 좁은 길에 어가가 지나가고 호위하는 군졸들이 논밭을 밟고 지나갈 수밖에 없었던 것이다. 세종대왕은 궁궐 안에서도 밖의 일을 알 수 있는 방법을 생각해 낸 것이 이 옥루의 제작이었다. 인위적인 기계 작동이기는 하나, 그래도 해가 뜨고 지고 사계절의 변화를 보여 주는 무대 장치를 보면서 궁궐 밖의 백성들의 삶과 농사일을 상상했다.

옥루와 흠경각은 임진왜란 때 불타 버렸다. 그리고 그 후 영조 때 지은 흠경각은 옥루를 위한 것이 아니라 『천상열차분야지도』 각석을 보관하기 위하여 창경궁에 지은 것이다. 지금 경복궁에 복원된 흠경각은 대원군 때 지은 것인데, 불행하게도 옥루나 『천상열차분야지도』와는 아무 관계가 없는 것이다.

6-2. 보루각(報漏閣)과 자격루(自擊漏)

경회루 남쪽에 설치한 다른 물시계는 옥루보다 4년 앞선 세종 15년에 장영실(蔣英實)이 제작하여 사용하기 시작하였으나, 다음 해 7월 1일에 김돈이 기(記)를 쓰고 김빈이 명(銘)을 씀으로써 자세하게 알게 된 자

그림 4-27. 천문도와 해시계를 전시하기 위하여 지은 나일성천문관 전시관의 이름을 '흠경각'이라 하고, 문에 붙인 현판. 현판의 한글 '흠경각'은 『훈민정음』에서 집자하고, '欽敬閣'은 『세종실록』에서 옮긴 것이다(나일성천문관 소장).

격루라는 자동 물시계였다. 그리고 이 시계는 보루각이라고 이름 붙은 건물 안에 설치되었다. 따라서 자격루를 보루각과 합해서 보루각루(報漏閣漏)라고도 부른다.

자격루의 구조는 (1) 물을 담아 흘러내려 보내는 4개의 항아리와 물을 받는 2개의 항아리로 구성된 시간 측정과 (2) 항아리에 채워진 물의 높이에 따라 일정한 시간 간격으로 시각을 알리는 시보(時報)하는 장치로 되어 있다.

(1) **측정 장치**: 세종 시대에 사용한 역법은 칠정산법(七政算法)이지만, 원나라 수시력법(授時曆法)이 기본이었기 때문에 이에 채택된 천문상수를 사용하였다. 따라서 물의 흐름과 받은 물의 수위(水位)의 조정은 이 천문상수를 기준하였다. 시간 측정은 하루를 12시 또는 100각(1시 = 8각 1/3)으로 하고, 하루 중에서 밤 시간만을 5경(更) 또는 25점(點)으로 하였다. 1경은 5점이다.

(2) **시보 장치**: 12시를 알릴 때는 시마다 종을 쳐서 듣게 하고, 어느 시인지를 보이도록 인형이 시패를 든다. 밤에는 매경과 처점(初點)에는 북과 징으로, 2점부터 5점까지는 징만 친다. 이 모든 장치는 물의 흐름을 이용한 복잡한 기계 장치로 자동으로 작동한다. 한편 장안에 시각을 알리는 방법은 후에 약간씩 바뀌기는 했어도 대강은 다음과 같다.

> 경회루의 남문과 월화문(月華門), 근정문(勤政門)에 각각 금고(金鼓)를 설치하고, 광화문에 대종고(大鍾鼓)를 세워서, 당일 밤에 각 문의 쇠북을 맡은 자가 목인(木人)의 금고 소리를 듣고는 차례로 전하여 북을 친다. 영추문에도 큰 북을 세우고, 오시(午時)에 목인의 북소리를 듣고 또한 북을 치고, 광화문의 북을 맡은 자도 전하여 북을 친다. 경회루 남문과 영추문, 광화문은 서운관생이 맡고, 나머지 문은 각각 그 문에 숙직하는 갑사(甲士)들이 맡았다(『세종실록』 65권, 세종 16년 7월 초1일).

경복궁에 있던 자격루는 그 후 몇 차례 옮겨 다니다가, 새로운 자격루가 중종 29년(1534)에 창덕궁에 만들기 시작하여 2년 후인 31년에 완성되었다. 이에 대해서는 정사룡(鄭士龍)이 기를 쓰고 소세양(蘇世讓)이 명을 썼다. 세종의 자격루는 임진왜란 때 파괴된 것으로 짐작하고 있으나, 다행히 중종 때의 새 자격루는 지금 덕수궁 광명문 안에 옮겨져서 국보 제229호로 보존되어 있다. 이 자격루는 만 원짜리 지폐에 세종대왕 어진과 같은 면에 함께 인쇄되어 있을 정도로 널리 알려진 보물이기는 하지만, 지금 남아 있는 유물은 측정 장치만이고 시보 장치는 없는 상태이다.

그림 4-28. 창덕궁에 있었을 당시의 자격루. 1930년대에 찍은 이 사진의 왼쪽은 이원철, 오른쪽은 루훠스이다(W. C. Rufus, *Korean Astronomy*에서 옮김).

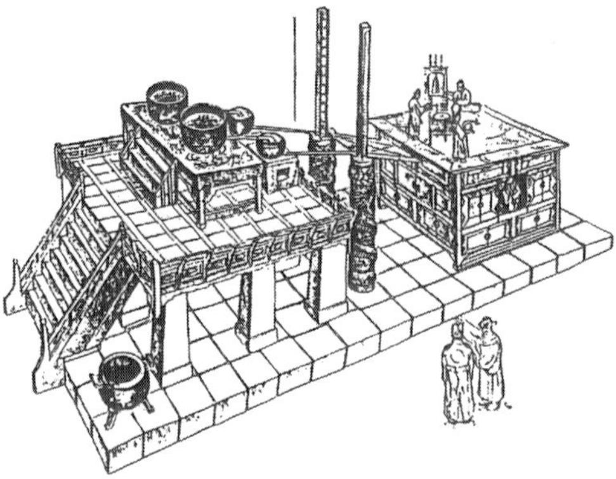

그림 4-29. 자격루가 있는 보루각 모형도(남문현의 『한국의 물시계』, p. 137에서 옮김)와 국보 제229호로 지정된 지금의 모습(덕수궁 광명문 소장)

7. 조선 후기에 계승된 각종 의기들

세종대왕의 대역사가 있은 후에도 천문의기의 제작은 활발하게 계속되었다. 그 대표적인 몇 가지를 소개한다.

7-1. 혼천시계(渾天時計)와 혼천의(渾天儀)

이것은 서양의 방식을 이용하여 만든 정교한 기계 시계인데, 혼천의를 보이는 곳에 설치한 것이 특색 있다. 송이영(宋以潁)과 이민철(李敏哲)이 1664~1669년에 현종의 재가를 받아 제작한 것이다. 추로 작동되는 기계 부분은 크기가 120 × 98 × 52.3cm 되는 나무상자 속에 있고, 시보 장치만 보이도록 했다. 이 상자 옆에 붙여서 지름 40cm인 혼천의가 놓여 있다(그림 4-30 참조).

이 시계에 대해서는 니담 등의 연구가 있다.[38)]

그림 4-30. 송이영 · 이민철의 혼천시계. 오른쪽 나무상자 속에 기계 장치가 있다 (고려대학교 박물관 소장).

7-2. 혼평의(渾平儀)

이 시계의 이름에 대해서는 오랫동안 논란이 있었다. 전상운이 목륜(目輪)이라고 처음 기록한 후 일본 학자 미야지마(宮島)는 성좌반(星座盤), 나일성은 별시계, 남문현은 중반성구라고 한 것이 그것이다. 실록이나 문헌비고에서 찾아볼 기록이 없기 때문에 야기된 혼동이었다.

이것이 혼평의라는 이름으로 일단 합의하게 되었다.[39] 혼평의의 높이

---

38) J. Needham, Gwei-Djen, Lu, J. H. Combridge and J. S., Major, *The Hall of Heavenly Records*, Cambridge University Press, p. 118, Fig. 4.2, 1986.

39) 전상운 · 나일성 · 남문현 3인이 남병길의 『의기집설』에 있는 혼평의가 바로 이것이라고 동의하고, 1998년에 '동양천문학회' 제3차 회의에 공동으로 발표하였다.

는 약 77.5cm이다. 나무로 만든 지지대에 지름 34cm인 동판이 회전되도록 설치되어 있다. 이 동판의 앞뒤 양면에는 별자리가 정교하게 새겨져 있는데, 그 한 면은 적도 이북의 별이고 다른 쪽 면은 이남의 별들이다. 동판의 중심에 회전축이 있어서 동판이 좌우로 360도 회전할 뿐만 아니라 별을 찾는 가늠자 막대도 이 축을 이용하여 회전할 수 있도록 되어 있다. 따라서 원반에 있는 별과 하늘에 보이는 별을 일치시키도록 가늠자 막대와 원반을 돌리는 것이다. 별을 찾으면 막대가 가리키는 곳을 원반을 받치고 있는 외부환에 있는 눈금으로 각도를 읽는다. 이 눈금이 시각이다.

혼평의의 제작 연대는 19세기 초로 추정된다.

그림 4-31. 별을 보고 시간을 측정하는 혼평의(渾平儀). 원품은 궁중유물전시관에 있다.

7-3. 남병길의 적도의(赤道儀)

조선말의 천문학자 남병길(南秉吉)이 쓴 『성경(星鏡)』의 부록에 실물의 1/5로 축소한 그림인 '적도의도(赤道儀圖)'가 있다. 이 그림에 의하면, 적도의는 1도 간격으로 눈금이 매겨져 있는 3개의 환으로 되어 있다. 즉 자오환, 적도환, 그리고 사유환이다. 자오환과 적도환은 직각으로 고정되어 있고, 사유환은 남북극 축을 회전축으로 하여 360도 회전한다. 이 사유환에는 이표(耳表)라는 자늠자 막대가 있어서 이것으로 별을 관측하여 적도 좌표로 그 별의 위치를 측정한다.

이 적도의는 그림으로 남아 있을 뿐 실물이 없기 때문에 최근에 나일성은 이 그림을 본따서 적도의를 2점 복원한 바 있다.

그림 4-32. 복원한 남병길의 적도의. 1999년에 나일성의 고증을 거쳐 한국과학사물연구소가 제작하였다(나일성천문관 소장).

7-4. 각종 지평일귀(地平日晷)

지평일귀(또는 평면 해시계)는 가장 흔히 보는 해시계이다. 이 해시계는 평면에 원을 그려 놓고 그 원의 중심에서 방사선을 일정한 간격으로 그으면 이것이 곧 시반(時盤)이 된다. 원의 중심에 바늘을 꽂아 해의 그림자를 만들고 그 그림자가 가리키는 방향으로 시각을 알 수 있게 하는 것이다.

조선 후기에는 이런 지평일귀가 많이 보급되었다. 서양에는 큰 건물의 벽에 붙이는 경우가 많으나 한국에는 돌로 만들어 마당에 두었던 것이 많다. 대부분의 지평일귀는 간단하지만, 개중에는 대단히 정교하여 천구상에서의 천체의 일주 운동을 연구하는 데 중요한 자료를 제공하는 것도 있다. 관상감이 중국에서 수입했거나 자체적으로 만든 것으로 현재 보물로 지정된 것은 다음의 3개인데 모두 서양의 천문 지식이 영향을 끼친 것들이다.

신법지평일귀(보물 제839호): 명에 온 두 서양 선교사 탕약망(湯若望, Johann Adam Schall von Bell)과 나아곡(羅雅谷, Jacob Rho)이 고안한 것을 이천경(李天經)이 숭정 9년(1636)에 북경에서 만든 것이다. 무게가 310kg이고, 크기가 120.3 × 51.5 × 16.5cm인 흰 대리석판이다. 표면이 희기 때문에 눈금이 잘 보이지 않으나, 다음과 같은 명이 새겨져 있다.

銘 新法地平日晷
崇禎九年歲次丙子日 欽定修督陪臣 湯若望羅雅谷

이은성(李殷晟)에 의하면, 소현세자가 1645년에 명에서 돌아올 때 가지고 온 것이라고 한다.[40] 이 지평일귀는 현재 보물 제839호로 지정되어 덕수궁 궁중유물전시관에 소장되어 있다.

그림 4-33. 신법지평일귀(보물 제839호) (대원사의 『궁중유물(둘)』에서 옮김)

그림 4-34. 복제한 신법지평일귀(보물 제840호). 궁중유물전시관에 실물이 있으나 검은 바탕의 돌에 음각한 선과 글자가 잘 보이지 않는다. 따라서 이 돌에서 탁본하여 잘 보이도록 검은 오석에 새로 새겼다(나일성천문관 소장).

신법지평일귀(보물 제840호): 이것은 1713~1730년경에 관상감이 검은 돌에 곡선을 여러 개 그려서 만든 해시계이다. 윗면에 '新法地平日

40) 李殷晟, 「大理石製 新法地平日晷와 昭顯世子」, 『東方學志』 ㅁ권, pp. 168-207, 1980.

晷', 측면에 '漢陽北極出地三十七度三十九分'이 음각되어 있다. 돌의 크기는 58.9 × 38.2 × 16.3cm인데, 음각한 선이나 글자는 바탕이 검기 때문에 잘 보이지 않는다.

간평혼개일귀(簡平渾蓋日晷, 보물 제841호): 1785년에 관상감이 제작한 것으로 지평일귀 중에서는 가장 크다. 한 개의 흰 돌판의 크기는 128 × 50.8 × 12.3cm인데, 윗면에 두 개의 해시계가 새겨져 있다. 위의 것은 간평일귀(簡平日晷)이고 아래 것은 혼개일귀(渾蓋日晷)이다. 돌판의 왼쪽 밑에는 '乾隆五十年乙巳仲秋立'이, 오른쪽에는

時憲黃赤大距二十三度
二十九分
漢陽北極出地三十七度
三十九分一十五秒

그림 4-35. 복제한 간평혼개일귀(나일성천문관 소장). 보물 제841호로 실물은 궁중유물전시관에 소장되어 있다.

가 네 줄로 각각 음각되어 있다.

이상과 같이 한국의 천문 의기들을 개관해 보았다. 삼국 시대로부터 세종 이전까지는 남아 있는 유물이 대단히 빈약하고 관련된 문헌도 실망할 정도로 적다. 그러나 다행히 세종 시대를 시발점으로 정조 때까지 활발했던 의기의 발명과 제작은 눈부실 정도였다. 원의 곽수경의 작품에 큰 영향을 받은 것은 재론할 여지가 없으나 혁신적인 발명품도 주목을 끈다.

뿐만 아니라 서양의 기기들을 수입하고 모방하여 만드는 일도 활발했던 시기는 중종 이후의 일이다. 망원경〔千里鏡〕, 해시계 등등의 수입이 그 대표적인 사례이다. 그러나 앙부일귀를 제외하고는 계승 발전된 것은 거의 없다. 망원경의 경우는 얼마나 활용했는지조차 알아 보기 어려울 정도로 기록이 빈약하다. 결국 유물도 제대로 간수하지 못한 채 근대 기계 문명의 대열에서 뒤쳐지고 말았다.

제 5 장

측우기의 발명과 기상학

세종대왕과 측우기

1. 세종의 측우기 발명

농업을 국가 기간 산업의 으뜸으로 삼아 온 고대에는 비가 적당히 내리고 또 하늘이 맑아서 일조량이 충분하면 그 해의 농작물 수확은 좋았으나 그렇지 못하면 언제나 흉년을 면치 못했다. 지금도 곡물의 수확에는 기상의 영향이 크게 작용하는데, 관개 사업이 철저하지 못하고 주로 인력에 의지하던 옛날에는 천혜의 조건이 절대적이었다. 그래서 『삼국사기』나 『고려사』를 보면 기상 재해만 기록했을 뿐 어떻게 극복하려고 노력했었다는 것은 찾아볼 수 없다. 모든 것은 하늘의 뜻으로만 생각했다. 그래서 비가 오지 않으면 기우제를, 비가 너무 많이 오면 기청제(祈晴祭)를 지냈다. 기우제와 기청제는 국가적 큰 의식이 되어 조선 후기까지 이어졌다.

비와 관련 있는 기록은 『삼국사기』나 『삼국유사』에 대단히 많다. 그러나 초기의 기록은 모두 '어떤 현상이 있었다'라는 식의 단순한 것들이었다. 그 중 몇 가지만 찾아보면 다음과 같은 것들이다.

> 백제 온조왕(溫祚王) 4년(B.C. 15) 춘하: 가뭄에 관한 첫 기록
> (『삼국사기』 권23, 백제본기 1)
>
> 고구려 유리왕(琉璃王) 14년(B.C. 6) 11월: 큰 눈에 관한 첫 기록
> (『삼국사기』 권13, 고구려본기 1)
>
> 신라 유리왕(儒理王) 11년(A.D. 34) 6월: 홍수에 관한 첫 기록
> (『삼국사기』 권1, 신라본기 1)

그러나 기원전의 이런 형식의 표현은 그 후 점점 구체적으로 기술되게 된다. 그 사례들은

고구려 태조왕 25년(A.D. 77) 12월: 고구려 수도에 눈이 3척이나 내림 (『삼국사기』 권15, 고구려본기 1).

신라 흘해왕 41년(A.D. 350) 5월: 큰비가 열흘 간 와서 평지의 수심이 3~4척이 됨(『삼국사기』 권2, 신라본기 1).

과 같이 그 양을 포함시킨다. '얼마나 많은' 라는 정량적인 기록은 기상 재해를 현대 과학적으로 분석하는 데 중요한 자료로서의 가치를 한 층 높여 준다.

1-1. 측우기의 발명

기상 재해, 더 구체적으로 말하면 큰비나 가뭄에 미리 대처하기 위해서는 우선 비의 양만이라도 정확하게 파악할 필요성을 인식하게 된 것은 조선 초기의 일이다. 종래의 방법은 비가 온 후 흙을 파서 우량을 측정하는 간접적인 방법이었다. 이 방법은 고려말에 이미 시행되었던 것이라고 짐작되는데, 그 예를 실록에서 찾아보면 다음과 같은 두 기사를 들 수 있다. 처음 것은 청주 목사 김자수(金子粹)가 감사에게 올린 보고서이고, 둘째는 서운관의 보고서이다.

금년은 3월부터 비가 오지 않아서 이 달까지 이르게 되고, 비록 한 달씩 걸려 한 번 비가 왔으나 흙에 들어감이 두서너 치[寸]에 미치지 못하고, …… (태조 7년 윤5월 초6일).

이 날 밤에 비가 내렸는데, 땅이 한 치[寸]쯤 들었다(세종 5년 5월 초3일).

비의 양을 정량적으로 측정할 수 있는 방법이 이렇게 시작되기는 했으나 이것은 어디까지나 간접적인 수단에 불과하다. 좀더 구체적이고 또 과학적으로 정밀도를 높일 수 있는 방법은 그릇을 만드는 일이었다. 드디어 이것이 성사된 것은 세종 23년이었다.

> 호조에서 아뢰기를, "각도 감사가 우량을 보고하도록 이미 성법(成法)이 있사오나, 흙의 성질에 따라 건조하고 습한 것이 같지 아니하고, 흙 속으로 스며든 깊이도 역시 알기 어렵사오니, 청하옵기는, 서운관에 대를 짓고 쇠로 그릇을 부어 만들되, 길이는 2척이 되게 하고 지름은 8촌이 되게 하여, 대 위에 올려놓고 비를 받아, 본관(本觀)의 관원으로 하여금 얕고 깊음을 재서 보고하게 하고, 또 마전교(馬前橋) 서쪽 물 속에 엷은 돌을 놓고, 돌 위를 파서 부석(趺石) 둘을 세워 가운데에 방목주(方木柱)를 세우고, 쇠갈구리로 부석을 고정시켜 척 · 촌 · 분을 기둥 위에 새기고, 본조(本曹) 낭청(郎廳)이 비를 받은 물의 얕고 깊음을 재서 보고하게 하고, 또 한강변의 암석 위에 푯말을 세우고, 척 · 촌 · 분을 새겨, 도승(渡丞)이 이것으로 물의 천심을 측량하여 본조에 보고하게 하며, 또 외방 각 고을에도 경중(京中)의 주기례(鑄器例)에 의하여, 혹은 자기(磁器)를 사용하던가, 혹은 와기(瓦器)를 사용하여 관청 뜰 가운데에 놓고, 수령이 역시 물의 얕고 깊음을 재서 감사에게 보고하게 하고, 감사가 다시 전문(傳聞)하게 하소서"(『세종실록』 93: 22, 23년 8월 18일).

"흙의 성질에 따라 건조하고 습한 것이 같지 아니하고, 흙 속으로 스며든 깊이도 역시 알기 어렵사오니"라고 한 호조의 설명은, 흙을 파서 알아 보는 수단이 이 때까지도 그대로 전수되어 온 유일한 방법이었던 것을 말해 준다. 그리고 그 뒤의 이야기는 인류 역사상 최초의 측우기가 탄생했음을 선포한 것이다. 그런데 그 측우기의 제작이 언제인지는 확실하지 않다. 그 이유는 1년 후인 24년(1442) 5월 8일에

> 호조에서 아뢰기를, "우량을 측정하는 일에 대해서는 일찍이 벌써 명령을 받았사오나, 아직 다하지 못한 곳이 있으므로 다시 갖추어 조목별

로 열거합니다.

1. 서울에서는 쇠로 기구를 만들어 명칭을 측우기(測雨器)라 하니, 길이가 1척5촌이고 지름이 7촌입니다. 주척(周尺)을 사용하여 서운관에 대를 만들어 측우기를 대 위에 두고 매양 비가 온 후에는 본관(서운관)의 관원이 친히 비가 내린 상황을 보고는 주척으로서 물의 깊고 얕은 것을 측량하여 비가 내린 것과 비 오고 갠 일시와 물 깊이의 척 · 촌 · 분의 수를 상세히 써서 즉시 계문하고 기록해 둘 것이며,

1. 외방에서는 쇠로 주조한 측우기와 주척 매 1건을 각 도에 보내어, 각 고을로 하여금 한결같이 상항(上項)의 측우기의 체제에 의거하여 혹은 자기든지 혹은 와기든지 적당한 데에 따라 구워 만들고, 객사의 뜰 가운데 대를 만들어 측우기를 대 위에 두도록 하며, 주척도 또한 상항의 체제에 의거하여 혹은 대나무로 하든지 혹은 나무로 하든지 미리 먼저 만들어 두었다가, 매양 비가 온 후에는 수령이 친히 비가 내린 상황을 살펴보고는 주척으로써 물의 깊고 얕은 것을 측량하여 비가 내린 것과 비 오고 갠 일시와 물의 깊이의 척 · 촌 · 분의 수를 상세히 써서 뒤따라 계문하고 기록해 두어서, 후일의 참고에 전거(典據)로 삼게 하소서." 하니, 그대로 따르다.

라고 쓰고, 전 해의 내용보다 좀더 상세히 시행법에 대하여 설명하고 있다. '測雨器' 라는 이름이 생긴 것도 이 때이다. 이 점을 생각하면 측우기의 제작은 1441년 8월과 1442년 5월 사이의 기간이라고 짐작된다.

우선 조선 시대의 측우 업적을 기술하기에 앞서 세종 때의 측우기 제작과 영조에 의한 복구 사업, 그리고 그 후의 변천을 표로 정리하여 보자(표 5-1 참조).

1-2. 측우기의 제원

앞서 소개한 세종 24년 5월 초8일은 역사적인 측우기 발명을 분명히 기록한 날로서 현대 기상학계에는 대단히 중요한 날이다.

측우기의 제원으로 길이가 주척으로 1척5촌이고 지름이 7촌이라는 것

표 5-1. 문헌에 있는 측우기 제작 · 설치 · 복원 기록(문헌 중 實은 『朝鮮王朝實錄』, 日은 『承政院日記』, 文은 『增補文獻備考』를 각각 뜻함)

기록 연도/(서기)	문헌	요약한 내용	관련 기관/인물
세종 23년 8월 18일 (1441)	實 93: 22	비를 측정할 器와 臺를 설치	戶曹
세종 24년 5월 8일 (1442)	實 96: 7	측우 제도를 상세히 제정	戶曹
영조 46년 5월 1일	實 114: 19ㄱ, ㄴ	『세종실록』을 참조하여 복원을 명함.	英祖
	日	위와 동일한 내용과 영조의 심경이 적혀 있음.	
영조 46년 5월 3일	日	兩闕과 兩雲觀의 측우대는 석대로 하며 치수는 布帛尺으로 함.	徐浩修
영조 46년 5월 4일	日	제작 진전을 묻고, 八道와 兩都에 설치하라고 명함.	英祖, 禮書 金恒壽
영조 46년 5월 6일	日	우량 측정할 자의 길이를 2尺으로 함.	徐浩修 · 蔡濟恭
영조 46년 5월 13일	日	처음으로 비를 측정	서운관
영조 56년 3월	實 127: 69	측우기 설치를 象緯考에 기록	
정조 6년 (1782)	漢京識略	대리석대의 측우기를 창덕궁 이문원 앞에 설치함.	실물이 있음.
정조 15년 丁卯	實 37: 42	측우기의 수심 측정 시간을 정함.	
정조 17년 7월	實 38:	측우기와 주척을 水原府에 보냄.	
순조 23년 11월 (1823)		統營 측우기를 만듦.	실물이 있음.
헌종 24년 3월 (1837)		錦營 측우기를 만듦.	실물이 있음.

은 현재의 단위로는 1 주척 = 207mm이므로,

1척5촌(주척) = 207mm × 1.5척 = 310.5mm

표 5-2. 세계 각국의 우량계의 지름과 사용 국가의 수의 대비

지름(mm)	나라의 수	지름(mm)	나라의 수
112.8	3	200.0	4
127.0	13	203.0	6
151.0	1	213.0	3
159.0	8	253.0	12
169.0	1	299.0	1

7촌(주척) = 207mm × 0.7촌 = 144.5mm

이다. 조희구(曺喜九)와 나일성이 세계 각국이 현재 사용하고 있는 우량계의 지름을 조사한 바에 의하면, 이 측우기의 지름 144.5mm는 빗물을 효과적으로 받을 수 있는 크기이다.[1)]

측우기의 지름 144.5mm는 표 5-2에 있는 다른 나라의 것과 비교해 보면 알 수 있듯이 13개국이 채택하고 있는 127.0mm와 1개국이 채택하고 있는 151.0mm 사이에 해당한다. 빗물을 받는 윗면이 너무 넓으면 비의 양이 적을 때 측정 오차가 커지고, 반대로 너무 좁으면 바람이 불 때 빗물을 그릇 안으로 받는 데 부적절하다. 그러니까 세종의 측우기는 적당한 크기의 측정 기기인 셈이다.

측우기가 제작되고 그 사용법이 정해진 후 경복궁을 비롯하여 지방 관아에서 그 법식에 따라 비의 양이 규칙적으로 측정되게 되었다. 그러나 불행하게도 세종 때의 기록들은 극히 몇 건만 제외하고는 보존되어 있지 않다.

---

1) 曺喜九 · 羅逸星, 「18세기 한국의 기후변동」, 『東方學志』 22집, 1979, pp. 67-82.

1-3. 측우 사업의 쇠퇴기와 수표의 역할

세종 때에 제정한 측우기 측정법에 따른 비의 측정은 성종 때까지는 거의 그대로 실시된 것 같다고 한다.[2] 그러나 그 후부터 그 법식은 잘 지켜지지 않고 변형되고 말았다. 다음 3건의 기록만이 실록에 남아 있다는 사실이 이를 분명하게 해 준다.

> 밤에 비가 내렸는데, 깊이 2분이었다[『중종실록』 68: 53ㄱ, 중종 25년(1530) 7월 9일].

> 28일부터 오늘까지 비가 오락가락했는데, 측우기의 수량은 5분이었다[『중종실록』 98: 41ㄴ, 중종 37년(1542) 5월 29일].

> 비의 수심이 포백척(布帛尺)으로 1촌1분이었다[『선조실록』 20: 1ㄱ, 선조 19년(1586) 5월 3일].

선조 19년의 기록을 마지막으로 160여 년 간의 측우 관측은 임란과 호란의 두 전쟁으로 전국이 전화로 피해를 입을 때 중단되었다. 이미 해이해진 난리통에 측우대만 남긴 채 측우기는 완전히 없어지고 말았다. 다만 예외로 1개만 영국의 Science Museum에 남아 있다고 전상운이 전하고 있다.[3]

측우기가 사라진 후에 측우 사업이 그것으로 완전히 중단된 것은 아니다. 수표가 남아 있었기 때문에 이 수표로 강물의 수위(水位)를 재서 비가 얼마나 많이 왔으며, 또한 얼마나 가뭄이 심한가를 알았다. 이런

---

2) 全相運, 『韓國科學技術史』(正音社: 서울), 1984(중판), p. 131.

3) Sang-woon Jeon, *Science and Technology in Korea* (The MIT Press: Cambridge MA), p. 116, 1974.

기록은 현재 『기우제등록(祈雨祭謄錄)』으로 남아 있다.

> 壬戌六月二十五日
> 水標 一害單子卽呈中部水標直朱生坤手本內去夜下雨水標者審則二尺流下是如爲白臥(?)乎事
> 水標 一害單子卽呈南部水標成忠手本內今日下雨水標者審則三尺五寸流下是如爲白臥(?)乎事
>
> 壬戌六月二十八日
> 水標 一害單子卽呈中部水標直朱生坤手本內去夜下雨水標者審則五尺六寸流下是如爲白臥(?)乎事

그림 5-1. 조선 시대의 수표(세종대왕기념사업회 소장)

위의 기록들은 순조 2년(1802) 6월 25일과 28일 양일간 수표를 가지고 강우량을 가늠한 보고서이다. 6월 25일에는 두 곳에서 보고되었는데, 하나는 지난 밤에 내린 비로 2척이라고 보고한 중부(中部)의 것이고, 다른 하나는 오늘 내린 비로 3척5촌이라고 보고한 남부(南部)의 것이다. 두 지점에서의 비 온 시간대와 수표의 값이 서로 다른 점으로 미루어 보아 서로 가까이 있는 지점은 아닌 것 같으나 이 지점들이 어디 있는지는 아직 연구된 바 없다.

2. 영조의 측우기 복원과 그 후

2-1. 영조의 복원

영조가 세종의 측우기를 만난 것은 실로 우연한 일이다. 때는 그의 재위 46년(1770) 5월 초1일이었다. 이 날 일식이 있어서 영조는 숭정전 월대(崇政殿月臺)에서 구식례(救食禮)[4]를 행하고 내전으로 돌아왔다. 그리고는 오후를 관상감 관원들과 일식에 관하여 이야기를 나눴다. 저녁 후인 유시(酉時)부터 밤늦도록 70세의 고령임에도 일을 멈추지 않았다. 강원도에서 온 황종척(黃鐘尺)에 관한 등록(謄錄), 일영대(日影臺), 풍기(風旗)의 보전 문제, 문헌비고(文獻備考)의 이름을 정하는 일[5] 등 많

4) 救食禮라 함은 日食이나 月食이 일어날 때 왕이 친히 관원들과 함께 식의 시작에서부터 끝날 때까지 관측에 임한 일종의 궁중 의식이다. 이는 일식이나 월식을 상서롭지 못한 현상으로 생각하던 전통 사회에서 흔히 있어 온 일이다. 후대에 와서는 단순한 천문 현상으로 인식은 했으나 이 의식은 오래 계속되었었다.

5) 영조 46년 5월 초1일의 『承政院日記』에 문헌비고가 거의 완성되어 가는데, 중국에 『文獻備考』가 있으므로 구별하기 위해서 東國 두 글자를 머리에 붙이자는 의견을 영조가 받아들임으로써 『東國文獻備考』로 이름이 붙게 되었다.

은 의론이 있었는데, 이런 바쁜 와중에서도 영조는 『세종실록』을 읽는데 게을리 하지 않았다. 영조가 『세종실록』을 열심히 읽은 이유는 『증보문헌비고』를 편찬하는 학자들에게 자료를 꾸준히 제공하기 위해서였다. 이 때 영조가 세종의 측우기를 알게 된 연유를 『승정원일기(承政院日記)』는 다음과 같이 적고 있다.[6] 영조의 측우기 복원에 관하여는 나일성이 이미 상세히 발표한 바 있는데, 여기에 그 내용을 간추린다.[7]

> (왕이) 글로 써서 이르기를, "이번에 (세종)실록 중 측우기에 관한 기록을 듣고 갑자기 일어나 앉았노라. 무릇 비가 올 때마다 그릇에 받아서 어릴 적에 하던 것을 이제 과연 듣노라. 비록 기우시(祈雨時)가 아닐지라도 수표의 천심(淺深)으로 유수를 알려고 하였으니 마음이 어떠했겠는고(『승정원일기』 영조 46년 5월 초1일).

이로써, 영영 사라지고 말 뻔한 세종의 측우기는 다시 태어나는 계기를 맞게 되었다. 측우기 복원은 즉각 시작되었는데, 이 때 자〔尺〕는 주척이 아니었다. 아마 영조 시대에는 주척이 사용되지 않았을는지 연구해 볼 일이다. 이틀 후의 『승정원일기』에 자세한 글이 있다.

> 왕이 측우기가 어떤 모양의 것인가 하고 물으니, 서호수(徐浩修)가 말하되 원이면서 끝이 잘렸고 길이가 1척5촌입니다. 왕이 가로되, 척(尺)은 가례도척(家禮圖尺)과 같은가 하니, (서)호수가 그렇다고 대답하였다. 왕이 호수에게 측우기의 모양에 관하여 읽으라 하고 조돈(趙暾)에게 교서로 전하기를 이 측우기는 실록을 잘 참작하여 대석을 세워 그 위에 설치하라. 이것이 흠경하는 임금의 뜻이니라. 이번에 만들 때 양궐(兩闕)과 양운관(兩雲觀)의 측우기는 모두 석대를 만들고, 높이는 포백척(布帛尺)으로 1척, 남북의 넓이는 8촌으로 하라. 석대 위에 둥근

6) 『영조실록』의 영조 46년 5월 초1일에도 같은 기사가 있다.

7) 羅逸星, 「英祖의 測雨器復元」, 『東方學志』 제54-56합집, 1987, pp. 277-287.

구멍을 만들고, 이로써 측우기를 안전하게 하라. 구멍의 깊이는 포백척으로 1촌으로 하여 측우기를 수시로 뽑을 수 있게 하라(『승정원일기』 영조 46년 5월 초3일).

위에 언급한 글을 보면 가례도척(家禮圖尺)과 포백척이 주척을 대신하고 있다. 주척과 포백척은 서로 크게 다르다. 남문현의 연구 결과는 다음과 같다.[8)]

1주척은 20.795cm
1포백척은 46.703cm

영조의 측우기 복원의 열의는 그 뒤에도 계속된다.

(영조 46년 5월 초4일) 왕이 측우기는 오늘까지 얼마나 되었는가. 김환수(金恒壽)가 지금 만들고 있으며, 마치지 못했습니다라고 대답했다. …… (『승정원일기』 중에서).

(5월 초6일) 왕이 서호수(徐浩修)에게 묻기를, 측우기의 자가 너무 작지 않은가. 호수가 대답하기를 경신년 황종척(黃鐘尺)에 의하여 만든 것이 있는데 이것도 이 자에 의해 만든 것입니다. 왕은 옛 모양과 역시 같지 않은 것 같다고 말한 후, 호수에게 측우기편을 읽어 보라고 명했다. 채제공(蔡濟恭)의 말이 측우기의 길이가 1척5촌이므로 양척(量尺, 물 깊이를 재는 데 사용한 자를 뜻함)이 그릇 밖으로 삐죽 나와야 사용하기 편하다고 하니, 자를 2척으로 만들어 사용함이 어떤가? 제공이 좋겠다고 대답하다(『승정원일기』 중에서).

이 일기의 기사를 보면, 측우기 제작은 이미 전날인 초5일에는 완성

8) 남문현, 『한국의 물시계』(건국대학교 출판부: 서울), 1995, p. 297.

된 것 같고, 이 때의 문제점은 물의 깊이를 재는 자 막대의 길이인 것 같다. 그리고 이 막대자도 초7일경에는 완성된 것으로 짐작된다. 불과 1주일 만에 측우기와 자 막대 모두 제작이 완료된 초고속 행진이었다. 영조의 측우기에 대한 열의를 보여 주는 일면이다. 『승정원일기』를 보면 초7일부터 12일까지 날씨는 계속 맑았음으로 측우기에 대한 기사는 없다.

기다리던 비가 온 것은 13일이었다. 새벽부터 흐리기 시작하더니 묘시(卯時)부터 미시(未時)까지 해무리가 나타났다. 그리고 마침내 밤 2경부터 다음 날 새벽까지 비가 내렸다. 이 최초의 기록이 세종 때에 만든 관측 방법에 충실하다는 것을 보여 주기 위해 그대로 옮겨 본다.

> (5월 13일) 夜自二更始雨至十四日平明 測雨器水深一寸(『승정원일기』 중에서).

측우의 법식은 이 복원이 완성되고 비의 측정이 자리를 잡으면서 더욱 엄격하게 되었다. 그 사실은 순조 18년(1818)에 성주덕(成周悳)이 쓴 『서운관지(書雲館志)』에 잘 기록되어 있다. 처음에는 서울의 궁궐 안에 있는 관리는 아침 해가 떠서 질 때까지의 측우 보고서를 만들어서 해가 진 후에 제출하고, 저녁에서 다음 날 아침까지의 보고서는 궁궐문이 열리기를 기다려서 제출하였지만, 정조 신해년(1791)부터는 하루에 세 번 보고하였다. 보고된 단자는 『일성록(日省錄)』과 『후당일기(堂后日記)』와 『조지(朝紙)』에 각각 기록된다. 그리고 전날의 비의 양은 합계되어 서운관이 정원(政院)과 내각(內閣)에 보내면 기록한 후 송포(頒布)하는 것을 규칙으로 삼았다.

밤에 측정한 비에 관한 규격화된 보고 양식으로

某時某更 灑雨下雨 測雨器 水深某寸或某分

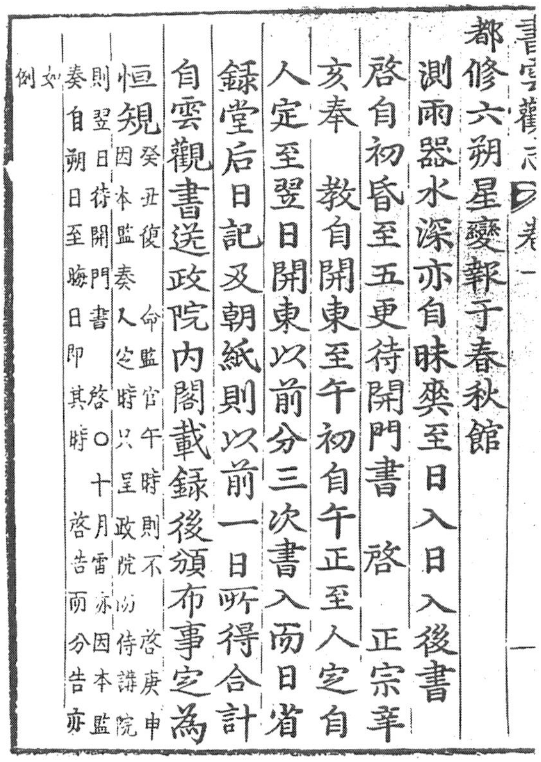
書雲觀志 卷一
都修六朔星變報于春秋館
測雨器水深亦自昧爽至日入日入後書
啓自初昏至五更待開門書 啓 正宗辛
亥奉 敎自開東至午初自午正至人定自
人定至翌日開東以前分三次書入而日省
錄堂后日記及朝紙則以前一日所得合計
自雲觀書送政院內閣載錄後頒布事定爲
恒規癸丑復 命監官午時則不 啓庚申因本監奏人定時只呈政院侍講院
則翌日待開門書 啓○十月雷亦因本監奏自朔日至晦日即其時 啓告而分告亦
如例

그림 5-2. 『서운관지』에 있는 측우기 기사

라고 『서운관지』에 있다.[9] 단위 시간에 내리는 비의 양은 8가지 명칭으로 구별하였다. 즉 이슬비[微雨]로부터 폭우(暴雨)까지를

微雨 細雨 小雨 下雨 灑雨 驟雨 大雨 暴雨

로 세분한 것이다.

9) 『서운관지』 卷一 番規, p. 30.

2-2. 측우기와 측우대 유물

영조 이후에 만든 것으로 현재 유물로 남아 있는 측우기와 측우대의 수는 아주 적다. 1900년대 초에 조사한 와다는 전부 5개의 측우기를 찾아 냈다고 한다. 와다, 전상운, 한상복[10] 등이 조사한 것을 토대로 여기에 정리해 본다.

(1) **대구의 선화당측우기와 측우대**: 구한말의 경상북도 관찰사 박중양(朴重陽)으로부터 와다 유지가 받은 것으로서, 원래 대구의 선화당(宣化堂) 앞뜰에 있었던 것이다. 와다는 이것을 조선총독부 인천관측소의 뜰에 한 동안 두었다. 측우기는 황동으로 만든 것으로, 깊이는 21.7cm이고 내경은 14.7cm이다. 영조 때에 만든 것으로 추정되고 있다.

(2) **경복궁 내 관상감측우기와 측우대**: 영조 때 만든 것으로 추정되는 측우기로서 1907년 12월까지 경복궁 영추문 안에 있었던 관상소(觀象所)에서 사용하였다. 황동으로 만든 것으로, 깊이는 30.6cm이고 내경은 14.7cm이다. 측우대도 함께 있었으나 1945년경에 측우기와 대(臺) 모두 분실되었던 것을 기(器)만 일본에서 되돌려받았다. 그 후 관상감측우대는 보물 제843호로 지정되어 현재 기상청이 소장하고 있다.

(3) **함흥의 관찰도측우기와 측우대**: 함경남도 함흥에 있었던 관찰도청사에 있던 측우기이다. 황동으로 만든 것으로, 깊이는 29.3cm이고 내경은 14.5cm이다. 영조 때에 만든 것으로 추정되고 있다. 측우대도 함께 있었으나 지금은 다 분실되고 없다.

한편, 이 측우기는 없어졌으나, 화강암으로 만든 측우대(보물 제842호)는 지금 기상청이 소장하고 있다(그림 5-3 참조). 측우대의 크기는

---

10) 한상복(韓相馥)은 자신이 필사 또는 타자한 글을 모아서 『측우기의 발명과 국가관측망』, 1996과 『한국의 우량관측 역사』, 1998로 출판하였다.

그림 5-3. 복제한 금영측우기를 받치고 있는 선화당측우대(덕수궁 궁중유물전시관 소장)

높이 46cm, 폭 37cm이다.

돌의 앞뒤 두 면에 글자가 새겨져 있는데, 앞면에는 '測雨臺' 라고 중앙에 크게 있고, 그 왼쪽에 '乾隆庚寅五月造' 라고 작게 새겨져 있다. '乾隆庚寅年' 은 영조 46년(1770)에 해당한다. 따라서 이 측우기와 측우대는 영조가 측우기를 복원하던 당시 가장 먼저 만든 것 중의 하나이다.

(4) **공주의 금영측우기:** 이 측우기는 충남 공주관찰도청의 앞 정원에 있던 것을 와다 유지가 개인 소유로 일본에 가지고 간 것을 1970년경 국립중앙기상대(현 기상청)에 반환하여 지금은 보물 제561호로 지정되어 있는 것이다.

세 쪽으로 되어 있어서 조립하면, 약 3mm씩 겹쳐진다. 그 하나하나의 깊이는 106mm(상단), 105mm(중단), 103mm(하단)으로서 전부 조립하면 전체 깊이는 308mm이다. 바깥 높이는 315mm이다. 무게 6.2kg인 청동으로 만들었고, 내경은 140mm이다. 바깥 부분에 다음과 같이 두 줄로 글자가 새겨져 있다.

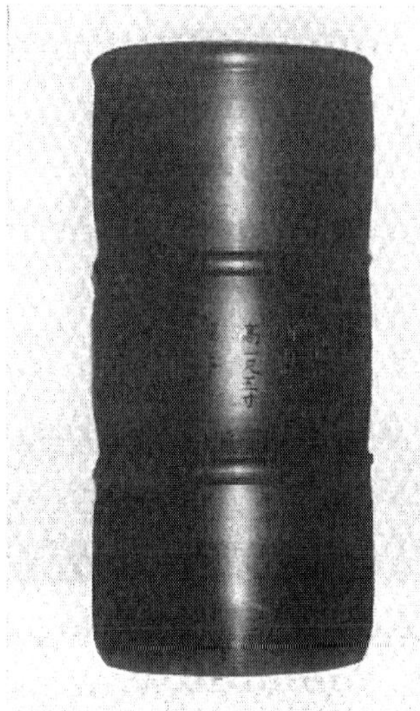

그림 5-4. 복제한 금영측우기(나일성천문관 소장)

錦營 測雨器 高一尺五寸 徑七寸
道光丁酉製 重十一斤

도광정유(道光丁酉)년은 헌종 3년이므로 1837년이다. 이 측우기 하단의 밑 부분에는 또 10글자가 새겨져 있다.[11]

入番通引 及唱 次知 使令

한편, 금영측우기에는 길이 20cm인 주척이 함께 있었다.[12] 이 자를

11) 和田雄治는 이 10자에 적힌 직위는 하급관원이기 때문에 관측 교대자라고 보기 어렵다고 한다.

12) 이 주척은 아깝게도 측우기를 반환받을 때에는 이미 없어진 상태여서, 현재

10등분하면 한 눈금은 약 2mm이다. 이 2mm는 1촌에 해당한다.

(5) **창덕궁측우대**(보물 제844호): 정조 6년(1782)에 만든 것으로서 본래는 이문원(摛文院)에 설치했었던 것인데 일제 강점기에 창덕궁 규장각으로 옮겨졌었다. 그 후 경기도에 있는 영릉에 있었다가 지금은 덕수궁 궁중유물전시관에 소장되어 있다. 측우대는 높이 30.3cm, 가로 45.3cm, 세로 45.5cm인 흰 대리석이다. 이 돌의 사면에는 심념조(沈念祖)와 정지검(鄭志儉)이 길게 쓴 측우기명(測雨器銘)와 서(書)가 돌의 네 면에 새겨져 있다. 이 명(銘)을 판독하여 처음 적은 사람은 와다 유지(和田雄治)인데,[13] 판독하지 못한 글자가 많다. 와다 유지가 판독한 이후 전상운이 다시 판독하였다.[14] 전상운은 몇 글자를 제외하고는 다 판독하였는데, 와다의 판독과 같지 않는 글자가 일부 있으며 또한 와다가 누락한 글자도 추가한 것이 있다.

이 두 사람의 노력으로 돌에 새긴 명문의 내용은 거의 다 알게 되었지만, 그 후 글자가 더 마모되어 판독이 어렵게 되었을 가능성이 있으므로 후일을 생각해서 일단 그들이 판독한 것에 필자가 보충 판독한 것을 여기에 다시 옮겨 두려고 한다.

와다가 판독한 글자 중에 ○는 와다가 판독하지 못한 글자이다. ( ) 안에 적은 글자는 와다가 판독하지 못한 글자이거나 전상운의 판독과 서로 다른 글자를 먼저 쓰고 그 다음에 전상운이 판독한 글자를 넣었다. ( ) 안에 한 글자만 있는 경우는 전상운이 추가한 것이다. ◇는 전상운이 판독하지 않은 글자를 뜻한다. 이런 글자는 모두 3자로서 (之, ◇), (人, ◇), (手, ◇)이다.

남아 있지 않다.

13) 和田雄治, 『朝鮮古代觀測記錄調査報告』, pp. 5-6.

14) 全相運, 「李朝時代における降雨量測定法について」, 『科學史硏究』, 日本과학사학회, 1963, pp. 49-57.

測雨器銘

測雨之有器，實(○，肪)於 世宗二十四年，範銅爲之，高一尺五寸圓徑七寸，置書雲觀及諸道郡縣，每雨(○，後)尺其深以聞，先大王四十六年，得其舊制，鑄置昌德慶熙二宮及八道兩都，其爲器雖小，兩聖朝憂勤水旱之政在ㅁ，顧不重疑上之六年夏畿甸(旬)大旱，(○○，圭壁)編擧靈( )未普，於是 我(○○，聖上)責躬求言，親禱雩(○○○，壇屛織)蓋御衮(冕) 竟夕露(○，신)旣將事坐而待(朝)歸路，(後)駐輿(○，釋)死囚以下情輕者，是日都人士女瞻望感(謝,激)(○，至)有泣下曰 聖上(○，◇，之)爲民憂勤如(是，此)，天豈不雨，雖不雨民悅之猶雨也，日未曙果大雨，及夜準一寸二分，此實我 聖上至誠之所感，而(○，猶)憂其未洽，命內閣，鑄置測(雨)器於 文院之(○，庭)(○○，以候)之(○，雨)旣洽，命臣念祖銘臣志儉書 蓋志(善，喜)也，臣等近臣也，其未雨也必先知我，聖上爲民之憂 而不敢不

그림 5-5. 창덕궁측우대(보물 제844호). 네 면에는 명이 새겨져 있다(덕수궁 궁중유물전시관 소장).

그림 5-6. 통영측우대(국립중앙과학관 소장)(전상운의 『한국과학기술사』, p. 137, 그림 2-3을 옮김)

(○○, 同)其憂既雨也, (人, ◇)必先知我 聖上爲民之喜, 而不敢不同其喜是器也, 君民之憂喜係ㅁ, 臣等(敢,教)不敬(○, 守)而謹(○, 候)哉, 遂拜(手, ◇)稽首爲之, 銘曰, 相比分寸, 度彼方墺, 少固慮旱, 多亦傷(勞, 滂), 繼玆萬年, 惟適是禱,

直提學臣沈念祖奉 教撰

直提學臣鄭志儉奉 教書

(6) **통영측우대:** 수군통제영이 통영(統營)에 있을 때 그 곳에 설치했던 측우대인데, 일제 강점기에는 인천관측소에 있었다가 지금은 국립중앙과학관에 소장되어 있다. 화강암으로 만든 이 측우대의 높이는 44cm이고 가로와 세로가 똑같은 43.8cm인 낮은 기둥이다. 윗면에 측우기를 꽂아 둘 수 있는 홈이 있고, 앞면 중앙에 큰 글자로 '測雨臺', 그 왼쪽에 작은 글자로 '辛未二月 日'이 새겨져 있다. 辛未는 1751년과 1811년에 해당하지만, 이 측우대의 제작은 1811년이다.

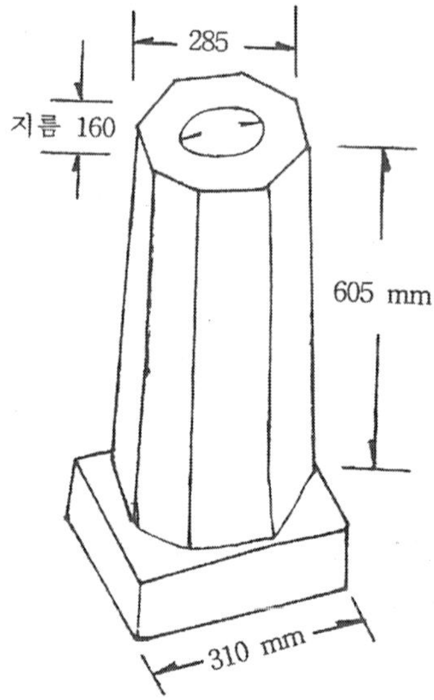

그림 5-7. 연경당측우대(창덕궁 소재). 이 그림은 『한국과학사학회』 6, p. 113에 있는 그림을 다시 그린 것이다.

(7) **창덕궁 연경당측우대**: 창덕궁 연경당(演慶堂)의 장락문(長樂門) 앞에는 돌기둥 2기가 서 있다. 밖에서 문을 향해 오른쪽에 있는 것이 풍기대이고, 왼쪽에는 그림 5-7과 같이 생긴 측우대가 있다. 4각형의 받침돌 위에 8각으로 높이 60.5cm인 화강암 기둥이다. 명이나 새겨 있는 글자가 없어서 제작 연대는 연경당이 건축된 1828년경으로 추산하고 있다.[15)]

2-3. 풍기와 풍기대

편서풍이 불면 날씨가 좋을 것이고, 동풍이 불면 궂은 날씨가 될 것이

15) 전상운 · 김성삼 · 김정흠 · 나일성 · 남천우 · 박성래 · 박익수 · 박홍수 · 유경로 · 이은성 · 이태녕 · 송상용, 「한국의 과학문화재 조사보고」, 『한국과학사학회』 6, 1984, pp. 59-118.

표 5-3. 측우기와 측우대 일람(단위는 cm)

명칭	측우기		현황(현재 있는 곳)	측우대			현황(현재 있는 곳)
	깊이	내경		높이	가로	세로	
대구 선화당	21.7	14.7	없음	46.0	37.0	37.0	보물 제842호(기상청)
경복궁 관상감	30.6	14.7	없음				보물 제843호(기상청)
함흥 관찰도	29.3	14.5	없음	?	?	?	없음
공주 관찰도	30.8	14.0	보물 561호(기상청)	?	?	?	없음
창덕궁 관상감	?	?	없음	30.3	45.3	45.5	보물 제844호(궁중유물전시관)
통영 수군통제영	?	?	없음	44.0	43.8	43.8	(국립중앙과학관)
창덕궁 연경당	?	?	없음	60.5	팔각주		

라는 말은 옛부터 경험적으로 알아 온 초보적인 기상 상식이다. 그러나 궁궐 안은 높은 담장 때문에 바람의 방향이 들판과는 다르다. 그래서 높은 나뭇가지에 깃발을 달아서 바람의 방향을 알아 왔다. 그러나 높은 나무에 올라가는 일은 번거로운 일이었고 또한 깃발이 가지에 휘감기기 때문에 자주 살펴야 했다.

영조는 이런 불편을 덜기 위해서 대를 세우고 그 위에 긴 장대를 꽂아서 깃발을 달았다. 이것이 풍기(風旗)를 꽂는 풍기대(風旗臺)이다. 그리고 창덕궁의 통제문(通濟門)과 경희궁 서화문(西華門) 안에도 풍기대를 각각 한 개씩 설치하고 풍향과 풍속을 관측하기 시작하였다. 이 두 풍기대 중 창덕궁의 풍기대는 일제 강점기에 이왕직박물관의 특별관 앞뜰에 옮겨졌고, 경희궁의 풍기대는 창경궁으로 옮겨진 것 같다.

지금 이 두 풍기대는 보물로 지정되어 하나는 창경궁(보물 제846호)과 경복궁(보물 제847호)에 각각 설치되어 있는데, 둘 다 문양과 형태와 크기가 같으나 창경궁의 풍기대는 두 조각으로 파손되었다. 높이는 밑의 받침돌까지 합하여 약 225cm이다. 이 밖에도 창덕궁 장낙문(長樂門) 앞뜰에 작은 풍기대로 보이는 돌기둥이 받침돌이 없는 상태로 세워져

그림 5-8. 조선 시대의 풍기대. 왼쪽은 보물 제846호(창경궁)이고, 오른쪽은 보물 제847호(경복궁)이다.

있다.

2-4. 기우제

고대는 물론 조선 후기에도 봄과 여름에 비가 오지 않으면 기우제(祈雨祭)를, 여름에 비가 너무 와서 홍수가 나면 기청제(祈晴祭)를 정부가 주도하여 엄숙하게 거행했다. 얼핏 보기에는 미신적인 행위인 것 같으나, 이는 농업을 기본으로 삼아 온 시대였으므로 하늘의 뜻을 받아 나라를 잘 다스려야 할 임금이나 정부 관리들의 위민(爲民) 정신에서 나온 것이다. 실록을 보면 거의 어느 해나 기우제 기록이 있다. 이 기록을 검토하면 그 해의 기상 재해와 농작물의 작황을 연구하는 데 좋은 자료가 될 것이다.

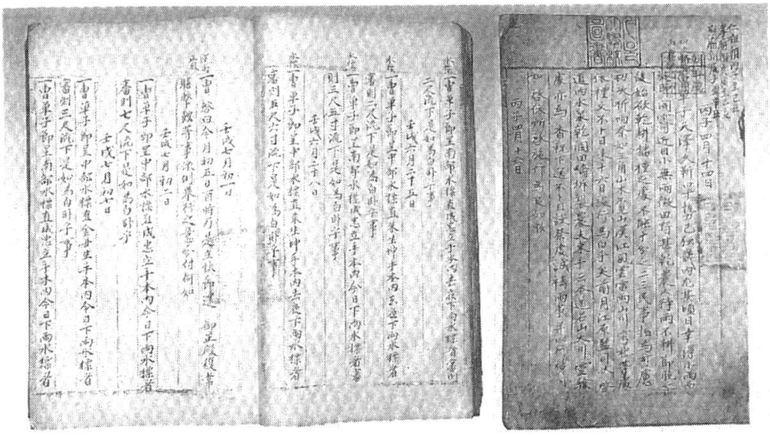

그림 5-9. 조선 인조 14년(1636) 4월 14일 기우제등록

기우제는 엄격한 법식에 따라 행해지는데, 그 자세한 내용이 태종 16년 6월 5일(을축)의 실록에 다음과 같이 있다.

> 예조에서 기우계목(祈雨啓目)을 올렸다. 1. 문헌통고 안에 "4월 이후에 가물면 사직, 산림, 천택(川澤)에 두루 비는데, 연고 있는 곳에 나아가 대우(大雩)할 때 무동(舞童) 14인이 모두 검은 옷을 입고 8열로 서서 각각 양산을 잡고 열마다 운한시(雲漢詩)를 노래한다." 하였습니다. 본조에서 일찍이 재랑(齋郎)으로 하여금 운한편(雲漢篇)을 외우도록 익히게 하였는데, 이제 우사(雩祀)와 원단(圓壇)에 이것을 부르도록 청합니다. 또 북교(北郊)에서 기도할 때와 풍운뢰우(風雲雷雨) 삼각산 한강 목멱(木覓) 사직 종묘 우사(雩祀)와 기우사(祈雨祀)에 나아갈 때에도 또한 모두 이를 부르게 하소서.
>
> (생략)

기우제에 관한 기록은 실록에 거의 매년 있다. 그리고 실제로 집행되었던 기우제등록(祈雨祭謄錄)이 별도로 규장각에 수장되어 있다. 이 책의 크기는 26.6 × 40cm이며, 수록된 내용은 인조 14년(1636)부터 고종 26(1889)년까지 예조에서 가뭄이 심할 때 기우제를 지낸 기록이다. 이 밖에도 기청제, 기곡제, 기운제, 기설제, 여제 등의 행사나 기우제에 대한 응답이 있는 경우에 지내는 보사제(報祀祭) 기록도 있다.[16)]

규장각에는 『기우제의홀기(祈雨祭儀笏記, 96 × 27.5cm)』[17)]와 『기우제의제문(祈雨祭儀祭文)』도 있다.

1872년에는 전국 군현지도 편찬 사업의 일환으로 경기도 양천현(지금의 서울 양천구와 강서구 일대)에서 화가를 동원하여 회화식으로 그린 양천현지도(陽川縣地圖)를 만들었다. 이 지도의 크기는 97 × 73cm인데, 성벽 밖의 동쪽에 기우제를 지냈던 기우처(祈雨處)가 네모꼴로 표시된 것이 있다.

3. 기상관측의 체계화

서거정(徐居正, 1420~1488)의 시문집 『사가집(四佳集)』에 '又雨'라는 다음과 같은 시가 있다.[18)] 이 시를 보면 그 옛날 사람들에게 기상 재해가 끼친 영향이 얼마나 컸었는가를 짐작하게 한다.

> 又雨 淸時祈雨雨祈淸天天意何龍合物情不用年年憂水旱朝昏饕粥足平生
>
> 비가 그치면 비 내리기를 바라며 비가 오면 비가 그치기를 바라니,
> 하늘의 뜻이 어찌 세상의 물정과 합할 수 있겠는가.
> 해마다 홍수나 가뭄을 근심하지 않는다면,
> 평생 아침저녁으로 죽을 먹어도 만족하리.

16) 국립민속박물관 편, 『우리네 여름 이야기』, 1998, p. 57.

17) 의식의 순서를 적은 글을 뜻한다.

18) 국립민속박물관, 『우리네 여름 이야기』, 1998, p. 25와 p. 198.

위의 시는 한 문인이 자연에 순응하며 살아가는 심정을 예술적으로 표현해 본 것일 뿐 지금까지 고찰한 조선 시대의 과학자들이 보여 준 자연관과는 큰 거리를 느끼게 한다. 비가 내리면 그 양을 재고, 바람이 불면 그 이치를 알아서 기상의 변화에 대처하려고 노력한 효시를 보인 것이 그들이었다. 그들의 노력으로 이제 우리는 지구 환경이라는 현대어를 만들어 내기에 이르렀다.

3-1. 서울에서의 강우량 측정 자료의 현대적 의미

세종 때에 시작한 강우량 측정 기록이 남아 있지 않다고 하는 사실은 지구 환경을 조사하는 데 절대적 가치를 지닌 자료를 잃어버린 것과 같다. 그러나 다행히 1770년 영조 대왕에 의해 재개된 측우 사업과 그 결과를 기록한 『승정원일기』로 인해서, 서울은 230년 간이라는 세계 최장 기간의 강우 기록을 가지게 되었다. 6 · 25 전쟁으로 서울이 전쟁터로 변했던 1951년 1월부터 1953년 여름까지의 약 2년 반을 제외하고는 서울에 내린 비는 착오 없이 기록되었다.

영 · 정조 시대의 비 온 날: 이 기간은 1770년에서 1800년 사이의 30년 간이다. 영조 대왕의 불타는 정열로 인해서 잃었던 측우기가 복원되고 관측 방식이 체계 있게 정비된 이래 비가 내린 날수에 변화가 있는지의 여부가 궁금해진다. 필자가 조사한 자료를 토대로 그 변화의 양상을 그림 5-10으로 표시해 보았다. 매년 들쭉날쭉 예측하기 어려운 변화가 있기는 하지만, 30년 간을 통틀어 개관하면 초기의 약 35일이 마지막 해에는 약 60일로 증가한 것이 분명하다. 그림 5-10의 세로축에 표시한 숫자는 1년에 비가 내린 날수를 뜻한다.

그림 5-10이 보여 주는 날수의 증가가 과연 큰 의미를 가지고 있는지는 의문이다. 왜냐하면 측우 사업이 무엇인지 그 의미조차 제대로 알지 못하던 관원들이 만든 초기의 기록을 가지고 만들어 본 그림이기 때문

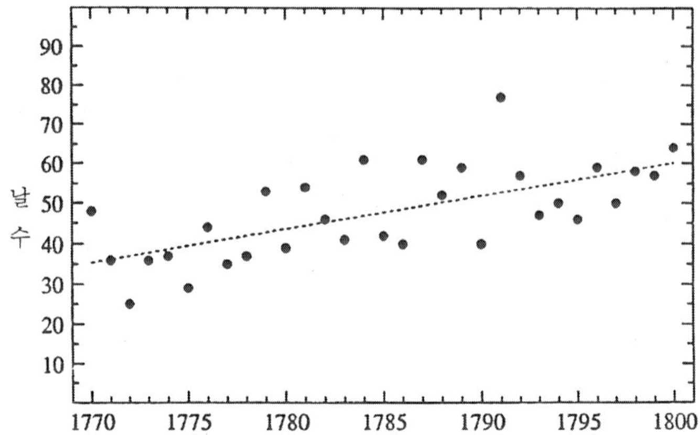

그림 5-10. 조선 영 · 정조 시대(1777~1800)의 연별 강우 날의 수(I. Nha, *Oriental Astronomy from Guo Shoujing to King Sejong*, 1997, p. 218, Fig. 8을 옮김)

이다. 그러나 그렇다고는 하더라도 한 가지 분명한 것은 해가 거듭되면서 기록하는 일이 정착되어 가는 것과 날수의 증가 사이에는 분명히 함수 관계가 있는 것이다.

월별 강우량의 변화: 한반도의 농작물 중 주곡은 쌀이다. 그런데 쌀농사가 잘 되려면 이른 봄부터 비가 충분히 내려야 한다. 그리고 추수가 끝나면 건조한 날씨가 계속해 주어야만 수확한 벼를 잘 말리게 되어 그 해의 수확을 극대화할 수 있다. 이것을 알아 보기 위해서 12월에서 다음 해 12월까지 1개월 단위로 강우량을 그려 보았다(그림 5-11 참조).

이 그림의 점선은 최근 30년 간(1931~1960)의 평균 월 강우량을 가리키는 것이고, 검은 실선은 영 · 정조 시대(1770~1800)의 월 평균 강우량이다. 이 두 곡선은 신통하게도 그 형태가 비슷하다. 가장 비가 많이 온 달은 200년 전이나 지금이나 꼭 같이 7월 초이다. 현대의 강우량이 약간 더 많은 것 같으나 그 차이는 무시되는 양이다. 2월에 가장 심한 갈수기가 있는 것도 일치하는 현상인데, 10월도 곡식을 말리는 데 알

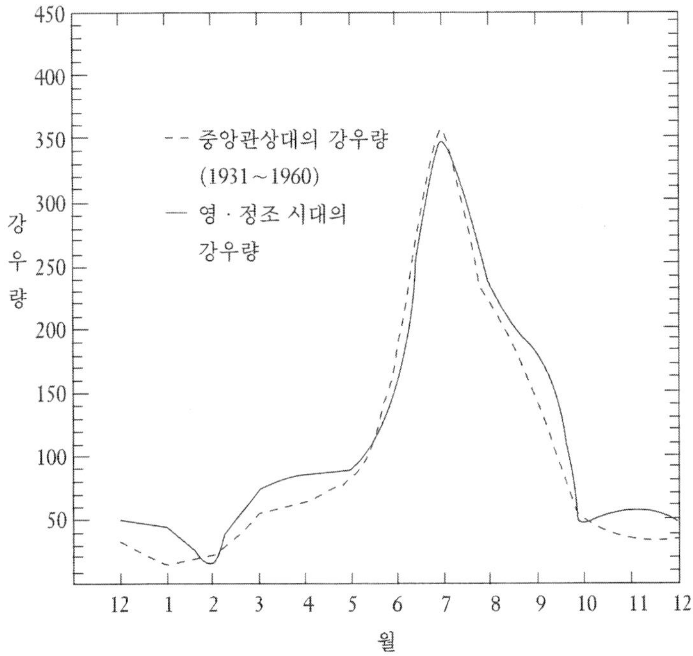

그림 5-11. 조선 영 · 정조 시대(1777~1800)의 월별 강우량과 현재의 강우량의 비교(조희구 · 나일성, 『동방학지』 22집, 1979, p. 98, 그림 3을 옮김)

맞는 천고마비의 가을이다. 그런데 여기에 두드러진 차이점이 보인다. 즉 3~4월의 강우량이 200년 사이에 약간 변했다. 적어도 월 평균 20mm 정도의 비가 지금은 그 때보다 덜 내린다는 것이다. 그러니까 2개월 사이에는 약 40mm나 부족한 셈이 되므로 대책을 세우지 않을 수 없는 일이다. 즉 댐을 건설하지 않을 수 없을 정도로 서울 주변의 기후가 이렇게 변하였음을 알게 되었다. 한 지점에서 200년 이상 강우량을 측정한 서울이라는 도시와 조선의 측우기가 이룩한 개가이다.

제 6 장

역법의 변천과 각종 역서

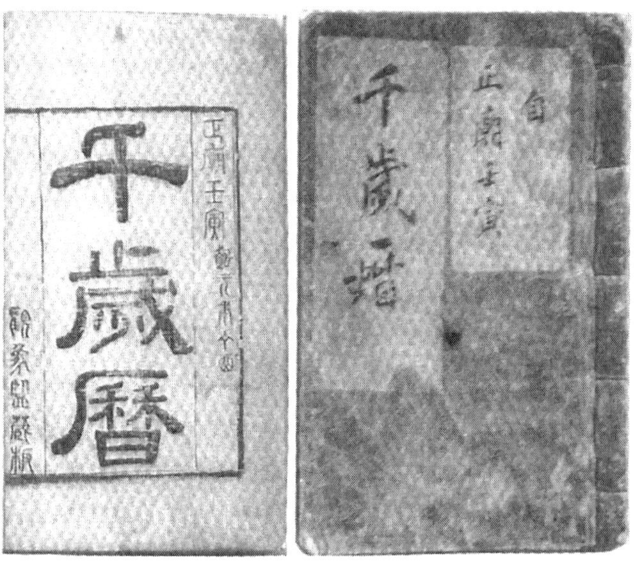

『천세력』

과거에 오랫동안 중국과 한국에서 사용되던 역(曆)을 **태음력**(太陰曆) 또는 간단히 줄여서 **음력**(陰曆)이라고 말한다. 순수한 태음력 또는 음력은 달의 삭망을 관찰하여 1개월을 한 단위로 삼고 12개월을 1년으로 정한 역이다. 이것이 태양의 1회귀년(回歸年)과는 날수가 너무 틀리기 때문에 일찍이 요(堯)나라 때 희(羲)와 화(和)로 하여금 고치는 방법을 연구하게 함으로써 이미 기원전 24세기경부터 중국에서는 문제가 된 역이었다.

그러나 삼국 시대 이후에 실제로 사용된 역은 태음력 또는 음력이 아니고, 정확하게 말하면 **태음태양력**(太陰太陽曆)이었다. 태음태양력은 글자 그대로 태음(달의 삭망)과 태양(해의 고도 변화로 인한 계절)을 동시에 만족시키면서 1년의 길이를 조정하려고 노력한 역이다. 그런데 태음태양력을 줄여서 부른 음력을 수수한 태음력이라고 잘못 알고 있는 경우가 많다. 이런 관계로 한국의 민간에서는 이 음력에 신비한 매력을 가지고 있고, 일부 지식인들까지도 태음력을 과학적인 역이라고 주장하는 사례가 생기곤 한다.

이 장을 서술함에 앞서서 태음력과 태음태양력, 그리고 태양력의 원리를 먼저 밝힐 필요가 있다.

1. 태음력과 태양력의 원리

역사적으로 보면 동서의 여러 민족들이 사용한 역은 그 종류가 대단히 많다. 여기에 이를 다 소개할 수는 없지만 다음의 3가지 역을 설명함으로써 역의 다양성을 개관해 보기로 한다.

1-1. 태음력

태음력은 이미 소개한 바대로 달의 삭망 주기를 **한 달**이라는 시간의 단위로 하고, 이 단위를 12번 반복한 것을 **1년**으로 정한 역이다. 그런데 달의 삭망 주기는 1일의 정수배가 아니고 약 29.5일이다. 그러므로 날수를 정하기 위해서는 정수인 29일과 30일을 교대로 사용하여 한 달을 정한다. 이렇게 되면 29일인 작은달 6번과 30일인 큰달 6번이 합하여 1년이 되는 셈이니까, 1년의 날수는 (29일 × 6) + (30일 × 6) = 354일이 된다. 1년의 진짜 날수는 약 365 1/4일이니까, 11 1/4일이 적다. 가령 처음 실시한 한 해가 끝나고 다음 해 정월 초1일은 11 1/4일만큼 더 빨리 새해가 시작되지만 사람들은 계절이 그만큼 다르다는 것을 눈치채지는 못할 것이다. 그러나 두 번째 정월 초1일이 되면 사정은 달라진다. 22 1/2일이나 너무 빨리 새해가 되기 때문에 계절과는 맞지 않는다는 것을 알게 될 것이다. 그리고 세 번째 정월 초1일은 거의 34일이나 빨리 온다. 따라서 이렇게 계절의 변화와는 관계가 없는 이 역으로는 농사를 지을 수 없으므로 일찍이 요(堯)나라 때 절기와 맞는 역법으로 바꾼 것이다.

그러나 놀랍게도 이 태음력을 지금도 고집스럽게 사용하고 있는 이슬람교 사람들이 있다. 그들의 새해는 계절과는 상관없이 새해의 시작은 겨울에서 가을로, 가을에서 여름, 봄을 거쳐 약 32년 만에 처음 시작한 겨울로 되돌아온다. 이렇게 종교의 권위를 위해 사용되는 역을 **종교력**(宗教曆)이라고 한다.

1-2. 태음태양력

계절과 맞지 않는 태음력의 약점을 보완하기 위한 역법이 여러 곳에서 개발되기 시작하였는데, 여기에는 희랍과 중국 문화권에서 개발한 태음태양력이 있다.

앞절에 소개한 바대로 태음력으로는 1년에 11 1/4일이 부족하므로 3년째가 되면 계절과는 약 한 달이나 맞지 않는다. 즉 실제 1년의 날수인 365 1/4보다 34일이나 적다. 이것을 실제 1년(또는 계절)과 비슷하게 하기 위해서 2년 또는 3년마다 한 달을 적당한 계절에 추가하면서 계절과 맞도록 조절한 역을 태음태양력이라고 한다. 그렇게 되면 어떤 해는 13개월이 되는 셈인데 이 13번째 달을 **윤달**〔閏月〕[1]이라고 한다. 그리고 이 윤달을 언제 어느 달 다음에 두느냐 하는 방법을 **치윤법**(置閏法)이라고 한다. 그러나 이 치윤법으로 계절과 잘 맞는 역서를 만들려고 노력을 했음에도 불구하고, 다음 세 가지 불편은 해결하지 못한다. 즉,

(1) 1년 중 어느 달인가 하는 사실만으로는 실제 계절과는 한 달이나 차이가 생긴다는 점

(2) 1년의 날수가 적은 해는 353일이고 많은 해는 385일이어서 그 편차가 32일이나 된다는 점

(3) 큰달과 작은달의 배치가 매년 서로 다르다는 점

이다.

(1)의 경우는 설명이 필요 없으나 (2)와 (3)의 경우를 이해하기 위해서는 다음 표 6-1에 보인 실례를 먼저 보자. 이 표는 순조 원년(1801)에 발행된 『천세력(千歲曆)』을 가지고 실제로 사용한 앞 시대(정조 1년에서 24년까지의 24개년)의 1년의 날수와 크고 작은 달의 배치를 보인 것이다.

이 표를 보면 정조 원년에서 24년까지의 기간인 24년 동안 가장 짧은 1년의 길이(날수)는 353일(1790년이었음)이고 가장 긴 해는 385일(1786년이었음)이다. 따라서 그 차이는 무려 32일이나 된다.

큰달(30일)과 작은달(29일)의 배치도 해마다 제각각이어서 전문가가 아니면 예측할 수 없다. 이 기간에 윤4월, 윤5월, 윤6월이 각각 2번씩

1) 고대 중국에서는 왕은 매달 초에 고사(告朔)의 예를 궁중에서 행했는데, 윤달〔閏月〕에는 성문까지 가서 고윤(告閏)의 예를 행했다. 왕이 문 밑에서 예를 행했다고 하여 윤(閏)은 門 밑에 王이 있는 글자가 되었다고 한다.

표 6-1. 태음태양력으로 정한 1년의 날수와 큰달(30일)과 작은달(29일)의 배치〔자료는 순조 1년(1801)에 발행한 『천세력(千歲曆)』이다〕

	연/월	1	2	윤	3	윤	4	윤	5	윤	6	윤	7	윤	8	9	10	11	12	1년의 날수
정조	1(1777)정유	29	30		29		29		30		29		30		29	30	30	30	29	354일
	2(1778)무술	30	29		30		29		29		30	29	30		29	30	30	30	29	384일
	3(1779)기해	30	29		30		29		29		30		29		30	29	30	30	29	354일
	4(1780)경자	30	30		29		30		29		29		30		29	30	29	30	29	354일
	5(1781)신축	30	30		30		29		30	29	29		30		29	30	29	30	29	384일
	6(1782)임인	30	30		29		30		29		30		29		30	29	30	29	30	355일
	7(1783)계묘	29	30		29		30		30		29		30		29	30	29	30	29	354일
	8(1784)갑진	30	29		30	29	30		29		30		29		30	29	30	29	30	384일
	9(1785)을사	30	29		30		29		29		30		30		29	30	30	29	30	355일
	10(1786)병오	29	30		29		29		30		29		30	30	30	30	30	29	30	385일
	11(1787)정미	29	30		29		29		30		29		30		29	30	29	30	30	354일
	12(1788)무신	30	29		30		29		30		29		29		29	30	30	29	30	354일
	13(1789)기유	30	30		29		30		29	29	30		29		30	29	30	29	30	384일
	14(1790)경술	30	29		30		29		29		29		30		29	30	29	30	29	353일
	15(1791)신해	30	29		30		30		29		30		29		30	29	30	29	30	355일
	16(1792)임자	29	30		29		30	29	30		30		29		30	29	30	29	30	384일
	17(1793)계축	29	30		29		29		30		30		29		30	29	30	29	30	354일
	18(1794)갑인	30	29		29		30		29		30		29		30	30	30	29	30	355일
	19(1795)을묘	29	30	29	29		30		29		30		29		30	29	30	30	30	384일
	20(1796)병진	29	30		29		29		30		29		29		30	30	29	30	30	354일
	21(1797)정사	30	29		30		29		30		29	29	29		30	29	30	30	30	384일
	22(1798)무오	29	30		30		29		29		30		29		29	30	29	30	30	354일
	23(1799)기미	29	30		30		29		30		29		30		29	30	29	29	30	354일
	24(1800)경신	30	29		30		30	29	30		29		30		29	30	29	30	29	384일

있었고, 윤2월, 윤3월, 윤7월이 각각 1번씩 있었으나, 윤8월과 윤9월은 없었다. 후대에 이르면 윤8월과 윤9월도 있기는 하지만 극히 드물다. 치

윤법에 의해서 정월과 10월, 11월, 12월에는 윤달을 두지 않는다.

이 외에도 중요한 결함이 또 있다. 그것은 당시의 사람들에게는 봄을 기다리는 일은 대단히 즐거운 일이어서 입춘에는 '입춘대길(立春大吉)'이라고 대문에 써 붙이기도 하였다(물론 이 풍습은 지금도 계속되고 있다). 그런데 이 입춘이 없는 해가 생기는가 하면, 한 해에 두 번 있는 경우도 생긴다. 그런 해는 실지로 가끔 있었으니 여기에 그 예를 들어 보자.

정조 12년(1788) 무신의 날수는 354일이었고, 24절기 중 첫 절기는 정월 13일의 우수(雨水)였다. 이 해의 마지막 절기는 그 해 12월 24일의 대한(大寒)이었다. 대한 다음이 입춘이지만, 이 입춘은 그 다음 해인 정조 13년(1789) 기유의 정월 초9일로 옮겨졌다. 이 해에는 윤5월이 있어서 1년의 길이가 384일이 되어 실제 1년보다 19일이 더 많았던 덕분에 마지막 절기도 입춘으로 12월 20일이었다. 1년에 입춘을 두 번 가질 수 있게 된 셈이다.

1-3. 태양력과 그 변천

태양력의 시작은 이집트에서였다. 이것을 **이집트력**이라 하는데, 그 후 **율리우스력**으로 바뀌고 다시 **그레고리력**으로 발전되어 오늘에 이르고 있다.

(1) **이집트력**: 이집트 인에게 4계절의 변화는 중위도(中緯度) 지역에 살고 있는 사람들처럼 절실하지는 않았다. 그 대신 나일 강의 범람이 그들의 생존과 더 직결된 문제였다. 그들은 지구상의 다른 고대 사회가 달의 삭망에 매여 있었을 때 이미 1년의 길이를 합리적으로 나누는 방법을 터득했었다. 그 이유는 시리우스별[2)]이 동쪽 지평선에서 태양이 뜰 때

2) 원명은 Sirius로서 큰개 자리에 있는 별이다. 모든 붙박이별(항성) 중에서는 가장 밝은 별이다. 중국 문화권에서는 랑성(狼星)이라고 불렀으며, 28수(二十八宿) 중 정수(井宿)에 속한다.

함께 떠올라 오면, 그 후 얼마 후에 나일 강이 범람한다는 사실을 알고 1년의 날수가 정확히 365 1/4임을 알았기 때문이다. 그들은 한 달의 날수를 30으로 정하고, 12달을 1년으로 하였다. 나머지 5 1/4일 중 5일을 연말에 더 붙임으로써 1년을 365일로 한 것이다. 이렇게 해서 이집트력이 생겨났다. 고대에는 이 역으로 농사일에 적용하면 잘 맞는 역이었다.

그러나 세월이 흘러감에 따라 매년 1/4일이 쌓이게 됨으로써 태음력의 경우보다는 훨씬 느리기는 하지만 정월은 매년 조금씩 빨리 오게 되어 겨울에서 가을로, 가을에서 여름으로 앞당겨지게 된다. 마침내 1460년이 경과되자 처음과 같이 겨울에 정월이 되돌아왔다. 이런 폐단이 있기는 했지만 이 이집트력은 이 1/4일을 해결할 수 있는 새 역으로 발전되었다.

(2) **율리우스력**: 기원전 45년 종신 독재자가 된 율리우스 시저가 집권 1년 전에 이집트력을 도입하고 4년 후에는 1일을 2월에 더하는 소위 **윤년**(閏年)을 만들어서 1/4일(=0.25일)이라는 혹을 떼어 냈다. 이렇게 만든 역을 율리우스력이라고 한다. 이 역은 유럽의 기독교 국가들이 모인 소위 '니케아 종교회의'에서 채택함으로써 국제적으로 통용되는 역이 되었는데, 그 때가 기원 325년이었다.

이 종교회의에서 율리우스력으로 3월 21일을 **교회력**(敎會曆)[3]의 춘분(春分)으로 정했다. 그리고 교회력의 삭망월(朔望月)의 14일째 되는 날을 만월(滿月=보름달)로 고정시켰다. 그리고 3월 21일이나 그 이후에 오는 보름달의 다음 날을 부활절의 첫날로 정의했다. 이렇게 함으로써 부활절의 첫날은 3월 22일에서 4월 25일 사이에 있게 된다. 부활절을 준비하는 법왕청의 천문학자들은 3월 21일부터 보름달이 되는 날을 정하기 위해서 달의 삭망을 열심히 관측하였다.

(3) **그레고리력**: 니케아 종교회의가 있었던 4세기만 하더라도 1년의

3) 니케아 종교회의에서 채택된 율리우스력을 교회력이라고도 한다.

날수는 365.25로 족했지만, 16세기가 되면 문제가 달라진다. 1년의 날수를 보다 정확하게 정한다면 365.2425이다. 이것은 365.25일이라고 했을 때와 비교하면 0.0075일(=10분 48초)이 짧은 셈이 된다.[4] 이 차이는 지극히 작은 값이지만, 율리우스력이 처음 시행되었던 4세기로부터는 1200여 년이나 지났으므로 이 차이가 누적되어 10일이나 되었다.

이 10일의 차이로 교회에는 개력론이 등장하여 마침내 1582년에 로마 교황 그레고리 13세는 교서로 **그레고리 역법**을 발표하기에 이르렀다. 이것이 오늘날 전 세계가 사용하는 태양력 또는 **양력**이다. 이 역은 다음과 같은 내용을 가지고 있다.

(1) 1년은 365.2425일로 한다.
(2) 1582년 10월 4일의 다음 날을 1582년 10월 15일로 하고, 10일 간을 삭제한다.
(3) 춘분을 3월 21일로 되돌린다.

그러나 이 새 역법이 유럽의 모든 나라에 다 채택된 것은 아니다. 영국은 그 때로부터 170년 후인 1752년에, 그리고 희랍 정교회는 1923년에야 겨우 그레고리력을 받아들였다. 한국이 이 그레고리력을 채택한 것은 고종 33년(병신년) 11월 17일(계축일)인 1896년 1월 1일(수요일)이었으니, 희랍보다는 27년이나 앞선 셈이다. 그 후부터 이 그레고리력을 양력이라고 줄여서 부르고 있다.

이제 중국 문화권에 속한 여러 나라가 농사짓는 데 오래도록 써 왔던

---

4) 중국에서는 원나라 때의 천문학자 곽수경(郭守敬, 1231~1316)이 높이 40척 되는 규표를 사용하여 이미 1년이 365.2425일임을 알아 내었다. 한국의 경우는 고려말부터 곽수경의 값을 채용하고 있었고, 세종 16년(1434)에 같은 크기의 규표를 경복궁에 설치했었으므로 독자적인 실측이 이 때 있었을 것이다.

24절기는 이 그레고리력으로 말미암아 아주 쉽게 알게 되었다. 정확한 1절기는

365.2425일 ÷ 24절기 = 15.2184일

이 되니까, 춘분인 3월 21일을 기점으로 하여 다음 절기인 청명(淸明)은 15.2184일 뒤인 4월 5일이 되고, 그 다음 절기인 곡우(穀雨)는 청명으로부터 15.2184일 뒤인 4월 20일이다. 이런 방법으로 셈해 보면 하지(夏至)는 6월 21일, 추분(秋分)은 9월 23일, 동지(冬至)는 12월 22일이다.

(4) **중국에서의 역의 변천**: 중국의 역은 그 역사의 길이만큼이나 복잡하게 바뀌었다. 달의 삭망을 기준한 대음태양력만을 고집하였으므로 한 번 개력하면 오래 쓸 수 없도록 계절과는 어긋나기 때문에 왕조가 바뀔 때는 말할 것도 없고 때로는 한 왕이 재위하는 기간에도 역을 바꾼 일이 자주 있었다.

이런 중국력의 변천을 대강 소개한 한국의 문헌은 1860년에 남자상(南子裳은 남병길의 다른 이름)이 쓴 『시헌기요(時憲起要)』이다. 그는 상편의 첫머리에 다음과 같이 중국력의 변천을 소개하고 있다.

> 역법연혁(曆法沿革). 황제(皇帝)로부터 진(秦)까지 6회 개력, 한(漢)은 4회 개력, 위(魏)에서 수(隋)까지 15회 개력, 당(唐)은 5대에 걸쳐 15회 개력, 송(宋)은 17회 개력, 금(金)에서 원(元)까지는 5회 개력, 명(明)은 대통법(즉 원의 수시법)으로 개력했다.
>
> (중략)
>
> 명말에 서양법이 중국에 들어옴에 서광계(徐光啓), 이지조(李之藻) 등이 (서양법을) 번역하여 청의 순치년대에 처음 쓰기 시작했고, 강희년 간에는 매각성(梅穀成) 등이 창춘원에서 관측하여 『역상고성상편(曆象考成上編)』으로 수정하였고, 옹정년대 말에 대진현(戴進賢) 등이 다

표 6-2. 역사상 사용된 역법 조사표. 참고한 문헌의 〔고〕는 『고려사』, 〔문〕은 『증보문헌비고』, 〔삼〕은 『삼국사기』, 〔실〕은 『왕조실록』, 〔이〕는 이은희, 〔전〕은 전상운, 〔홍〕은 홍이섭을 표시한 것이다.

역법 이름	제작자/제작 연대	도입 경로와 〔문헌〕
원가력(元嘉曆)	하승천(何承天)/443	5세기부터 백제에서 사용 〔홍〕
무인력(戊寅曆)	전인균(傳仁均)/?	고구려 영류왕의 요청으로 624년에 가지고 옴. 〔전〕
인덕력(麟德曆)	이순풍(李淳風)/665	신라의 덕복이 674년에 당에서 가지고 와서 문무왕 14년(674)에 개력하여 사용 〔삼〕, 〔문〕
선명력(宣明曆)	서앙(徐昂)/822	신라가 8세기 말부터 사용 〔문〕 수시력으로 개력될 때까지 약 500년 간 사용
십정력(十精曆)	김성택(金成澤)/1052	문종 6년(1052) 태사에게 명하여 제작 〔문〕 단, 어떤 목적으로 시행된 것인지는 알 수 없다.
칠요력(七曜曆)	이인현(李仁顯)/1052	문종 6년(1052) 태사에게 명하여 제작 〔문〕 단, 어떤 목적으로 시행된 것인지는 알 수 없다.
견행력(見行曆)	한위행(韓爲行)/1052	문종이 6년(1052)에 제작을 명함. 〔문〕 단, 어떤 목적으로 시행된 것인지는 알 수 없다.
둔갑력(遁甲曆)	양원호(梁元虎)/1052	문종 6년(1052) 태사에게 명하여 제작 〔문〕 단, 어떤 목적으로 시행된 것인지는 알 수 없다.
태일력(太一曆)	김정(金正)/1052	문종 6년(1052) 태사에게 명하여 제작 〔문〕 단, 어떤 목적으로 시행된 것인지는 알 수 없다.
수시력(授時曆)	곽수경(郭守敬)/1281	고려 때 중국 사신 왕통이 1281년에 가지고 옴. 충선왕 때 사용함. 〔문〕 고려 최성지(崔誠之)가 충선왕을 따라 원나라에 가서 수시력법을 얻어 가지고 돌아와서 추보하여 준용(遵用)함. 〔문〕
대통력(大統曆)	유기(劉基)/1368	공민왕 19년(1370)에 성준득(成准得)이 명에서 가지고 옴. 〔문〕
대통력통궤(大統曆通軌)	원통(元統)/1384	
칠정산내편	정인지 등/1442	세종 때 명나라의 대통력통궤의 오류를 고쳐서 정인지, 정초, 정흠지 등이 만듦. 〔문〕, 〔실〕
칠정산외편	이순지, 김담/1442	세종 때 명나라에서 회회력법(回回曆法)을 가지고 와서 이순지(李純之)와 김담(金淡)이 만듦. 〔문〕, 〔실〕
시헌력(時憲曆)(湯法)	탕약망(湯若望)/1636	인조 22년(1644)에 김육(金堉)이 쓰도록 요청했으나, 시행된 것은 효종 4년(1653)이었다. 〔문〕
시헌력(梅法)	매문정(梅文鼎)/1684	영조 을사년(1725)부터 이 법에 따라 추보함. 〔문〕
시헌력(戴法)	대진현(戴進賢)/	

시 서양법을 사용하여 『역상고성후편(曆象考成後編)』을 만들었다.

위에 소개한 내용만 보아도 중국에서의 역 편찬이 얼마나 어렵고 또 복잡한 과정을 밟아 왔는가를 쉽게 짐작이 간다. 이런 이유로 한국은 이렇게 개력된 역법을 그 때마다 전부 수용할 수가 없어서 그 중 일부만 그대로 수입해서 사용하여 왔다.

(5) **한국이 사용한 역**: 한국에서 사용된 바 있다는 중국의 역과 세종 때에 만든 『칠정산내외편』은 이은희(李銀姬)가 '한국에서 시행된 역법'이라는 제목의 표를 만들어 소개한 바 있다.[5] 이 표에는 전부 12개의 역법서가 수록되어 있는데, 『증보문헌비고』 상위고에 있는 '역상연혁'과 비교해 보면 누락된 것이 있다. 그러나 『증보문헌비고』의 것은 시대순이 아니기 때문에 여기에 다른 사료들을 참고하여 다시 새로운 표를 만든 것이 표 6-2이다.

이 표에 열거한 17개 중 처음 세 역과 고려 문종 6년(1052)에 만든 5개의 역은 그 내용이 잘 알려져 있지 않다. 그 나머지의 역에 관하여는 뒤에 차례로 논하기로 한다.

2. 삼국 시대와 고려 시대의 역

2-1. 삼국 시대의 역

한반도에서 사용한 역은 삼국 시대로부터 고려 시대를 거쳐 조선의 개국 때까지 모두 중국이 개발한 역을 도입한 것이다. 먼저 신라가 사용한 중국의 역에 관하여는 『삼국사기』 신라본기에 다음과 같은 기록이

5) 이은희, 「조선시대의 역서」, 『한국천문력 및 고천문학』, 경문사, 1997, pp. 52-72.

있다.[6)]

> 신라 문무왕(文武王) 14년(674) 춘정월. 당에 들어가 숙위하던 대내마 덕복(德福)이 일력(日曆) 만드는 법을 배우고 와서 신력(新曆)의 법으로 고쳐 썼다.

덕복이 배워 가지고 온 역법은 『인덕력(麟德曆)』이다. 『증보문헌비고』에 이순풍(李淳風)이 『갑자원력(甲子元曆)』을 지어 당의 고종에게 바치니 고종이 인덕 2년(665)부터 반포하여 쓰게 한 『인덕력』이라는 분명한 기록이 있다.[7)] 덕복이 당에서 돌아온 문무왕 14년은 서기로 674년이며 당 고종의 상원(上元) 연대로서 『인덕력』이 사용되던 때였다. 이 『인덕력』의 시행으로 신라의 역서 편찬은 순조로웠던 모양이다. 그로부터 40여 년 후인 성덕왕(聖德王) 16년(717) 봄 2월에는 산박사(算博士) 1명을 따로 두기에 이르렀다.[8)]

삼국 중 백제가 가장 먼저 중국으로부터 역을 도입하였다고 홍이섭(洪以燮)은 적고 있다.[9)] 그는 『삼국사기』 백제본기에 기록이 없기 때문에 『주서(周書)』 백제전(百濟傳) 일관부(日官部)와 『신당서(新唐書)』의 기록을 참작하여 송나라 때의 『원가력(元嘉曆)』을 도입하여 썼다고 하였다. 백제 성왕(聖王) 32년(554)에 역박사 고덕왕손(固德王孫)을 일본에 보냈고, 다시 또 무왕(武王) 3년(602)에 관륵이 역서와 천문서를 가지고 일본에 갔는데, 2년 후인 604년부터 일본에서 『원가력』이 사용되기 시작했다는 사실로 보아 백제가 사용한 역은 『원가력』이라고 전상운

---

6) 『삼국사기』.

7) 『증보문헌비고』 1: 1ㄴ~2ㄱ.

8) 『삼국사기』.

9) 洪以燮, 『조선과학사』(正音社: 서울), 1946, pp. 53-54.

(全相運)도 동조하고 있다.[10] 그런데 백제가 건국 초부터 패망할 때까지의 약 700년 간 오로지 『원가력』만 사용했다고는 볼 수 없다. 다만 관륵이 일본에 가지고 간 것이 『원가력』일 따름이다.

고구려의 경우는 참고할 자료가 거의 없다. 『삼국사기』 고구려본기에 역에 관하여 '영류왕(榮留王) 7년(624) 당에 역서를 구하니'라는 기록이 유일하다. 이 때 당에서는 전인균(傳仁均)의 『무인력(戊寅曆)』이 사용되었었고, 이순풍의 『인덕력』은 아직 시행되기 전이었다. 따라서 고구려가 624년경에 얻어서 사용한 역은 『무인력』이라고 전상운은 적고 있다.[11]

2-2. 통일신라 시대의 역

이 시대가 되면 당에는 개원 17년(729) 일행(一行)이 만든 『대연력(大衍曆)』, 정헌지(鄭獻之)가 만든 『오기력(五紀曆)』, 서앙(徐昻)의 『선명력(宣明曆)』 등이 있었으나, 사용했다는 기록은 『선명력』뿐이다.[12] 그런데 764년에 『대연력』, 그리고 858년에 『오기력』이 각각 일본에 전해져서 사용된 사실로 보아서는 신라도 이런 역을 사용했을 것으로 추측하고 있다.[13]

2-3. 고려 시대의 역

고려 때에 독자적인 역을 만들었는가 아니면 중국의 역을 도입하여 쓰기만 했는가에 대해서는 『증보문헌비고』 상위고조차 엇갈린 기록을 남기고 있다. 먼저 『증보문헌비고』 상위고 1: 2ㄴ~3ㄱ에

---

10) 全相運, 『韓國科學技術史』(正音社: 서울), 1984(중판), p. 98.

11) 全相運, 『韓國科學技術史』(正音社: 서울), 1984(중판), p. 98.

12) 『증보문헌비고』 1: 2ㄱ, ㄴ.

13) 全相運, 『韓國科學技術史』(正音社: 서울), 1984(중판), p. 98.

정인지는 이르기를, "고려는 따로 역을 만들지 않고 당나라의 선명력을 이어받아 썼는데, 장경 임인년(822)부터 고려 태조의 개국까지는 거의 1백 년이 지났으므로 그 방법은 이미 실제와 차이가 났습니다." (후략)

라고 기록하고 있는 반면, 곧 뒤이어 같은 책의 상위고 1: 3ㄱ에

문종 6년(1052)에 태사 김성택(金成澤)에게 십정력(十精曆)을, 이인현(李仁顯)에게 칠요력(七曜曆)을, 한위행(韓爲行)에게 견행력(見行曆)을, 양원호(梁元虎)에게 둔갑력(遁甲曆)을, 김정(金正)에게 태일력(太一曆)을 찬하도록 각각 명하였다.

라고 적고 있는 것이다.

그러나 위에 소개한 5종의 역법은 그 내용은 물론 어떻게 사용되었었는지 전혀 기록이 없다. 이런 점으로 미루어 고려는 독자적인 역법을 개발하지 않고 중국의 것을 사용하였다는 정인지나『고려사』역지의 기록을 믿을 수밖에 없다. 고려는 중국에서 역서를 받아 개경(開京)을 기준하여 경도(經度)와 위도(緯度)만 보정한 후 그 해에 쓸 책력(冊曆)을 매년 인쇄하여 배포한 것 같다. 그 결과 중국과의 경도 차이가 있기 때문에 날짜와 절기에 차이가 생기는 것은 당연한 일이었지만, 때로는 일월식 예보에 잘못된 경우가 생긴 것은 역계산에 미숙하였던 점과 중국의 빈번한 개력에도 불구하고 적시에 대응하지 못한 탓이 원인이었을 것이다. 그렇게 추측하는 근거의 하나로 다음과 같은『고려사』역지의 기록을 들 수 있다.

현종 21년(1030)에 임금이 분부하기를 "작년 12월이 송나라 책력에는 큰달로 끝났는데 우리 나라 태사(太史)가 바친 책력에는 작은달로 끝났

으며, 또 금년 정월 15일에 월식이 있을 것이라고 아뢰었는데 끝내 월식이 없었으니 ……”.

(1) **선명력(宣明曆)**: 고려가 사용한 초기의 역은 『선명력』이었다. 통일신라 때부터 쓰던 『선명력』은 당의 장경(長慶) 임인년(822)으로부터 고려 태조가 개국할 때에 이르러서는 이미 100년이 지나 그 술(術)에 차가 많았다. 따라서 중국은 『선명력』을 버리고 22회나 역을 고친 바 있었지만, 고려의 역술가(曆術家)들은 이렇게 자주 바뀐 새로운 역을 다 받아 쓸 수 없어서 『선명력』만을 계속 사용했다. 이로 인해서 일월식의 계산은 실제 현상과는 맞지 않아서 고려의 일관(日官)들은 대략 선후의 수치를 서로 끌어들여 맞추려고만 하였다. 뿐만 아니라 조선 시대가 시작되면서 『고려사』를 편찬하게 되었을 때에는 이미 전해 오던 역본(曆本)에 탈루된 것이 많아서 거의 그 처음 쓸 때의 모습이 아니었다.

따라서 여기에는 『고려사』 역지에 소개된 두 쪽을 그림으로 보여 주는 정도에 그칠 수밖에 없다(그림 6-1 참조).

(2) **수시력(授時曆)**: 원나라의 허형(許衡), 왕순(王恂), 곽수경(郭守敬)이 이미 효력을 잃은 『선명력』을 대신해서 만든 역으로서 지원(至元) 18년(1281)에 쓰기 시작한 것이 『수시력』이다. 이 역이 중국에서 시행되던 그 해에 원나라의 사신 왕통(王通)이 원의 조정이 이 역을 반포하였다는 사실을 알리기 위해 고려에 가지고 왔다. 그 후 고려의 최성지(崔誠之)가 충선왕을 따라 원에 갔다가 이 역법에 정통하다고 하는 태사원의 한 관원에게 거금을 주고 배워 왔으나 곧 시행에 옮기지는 못했다. 마침 역산에 능한 강보(姜保)를 찾아 내서 그로 하여금 공부하게 하였는데, 강보가 계산해 본 후부터 사용하기 시작하였다(그림 6-2 참조). 그러나 일식과 월식, 그리고 5행성의 운동을 계산하는 데에는 미치지 못한 것 같다. 곽수경의 산법을 완전히 익히지 못했기 때문이다.

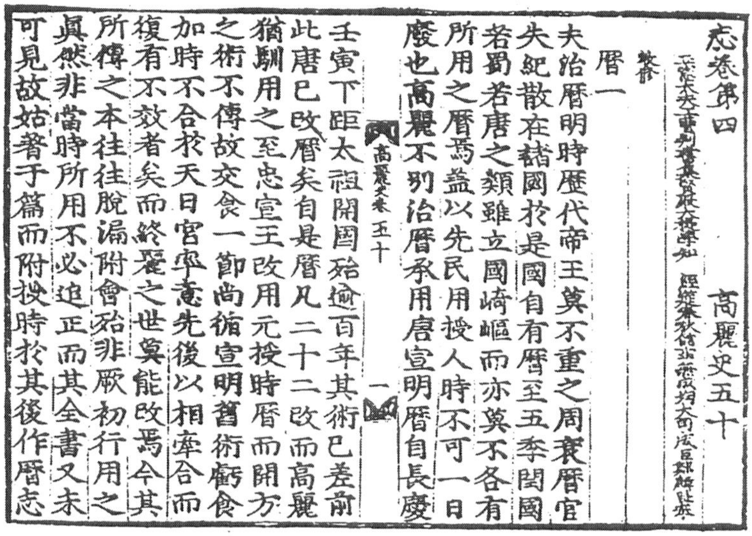

志卷第四　高麗史五十
正憲大夫工曹判書集賢殿大提學知經筵春秋館事兼成均大司成臣鄭麟趾奉
敎修
曆一
夫治曆明時歷代帝王莫不重之周衰曆官
失紀散在諸國於是國自有曆至五季閏國
若蜀若唐之類雖立國崎嶇而亦莫不各有
所用之曆焉蓋以先民用授人時不可一日
廢也高麗不別治曆承用唐宣明曆自長慶
高麗史卷五十　一
壬寅下距太祖開國殆逾百年其術已差前
此唐已改曆矣自是曆凡二十二改而高麗
猶馴用之至忠宣王改用元授時曆而開方
之術不傳故交食一節尚循宣明舊術虧食
加時不合於天日官率意先後以相牽合而
復有不效者矣而終麗之世莫能改焉今其
所傳之本往往脫漏附會殆非厥初行用之
眞然非當時所用不必追正而其全書又未
可見故姑著于篇而附授時於其後作曆志

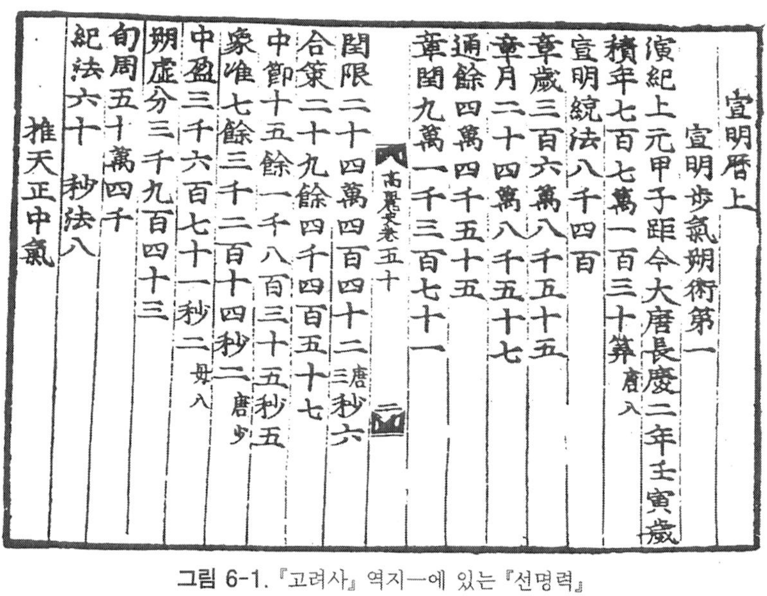

宣明曆上
宣明步氣朔術第一
演紀上元甲子距今大唐長慶二年壬寅歲
積年七百七萬一百三十筭 唐入
宣明統法八千四百
章歲三百六萬八千五十五
章月二十四萬八千五十七
通餘四萬四千五十五
章閏九萬一千三百七十一
高麗史卷五十　二
閏限二十四萬四百四十二 唐三 秒六
合策二十九餘四千四百五十七
中節十五餘一千八百三十五秒五
象准七餘三千二百十四秒二 唐步
中盈三千六百七十一秒二 毋入
朔虛分三千九百四十三
旬周五十萬四千
紀法六十　秒法八
推天正中氣

그림 6-1. 『고려사』 역지一에 있는 『선명력』

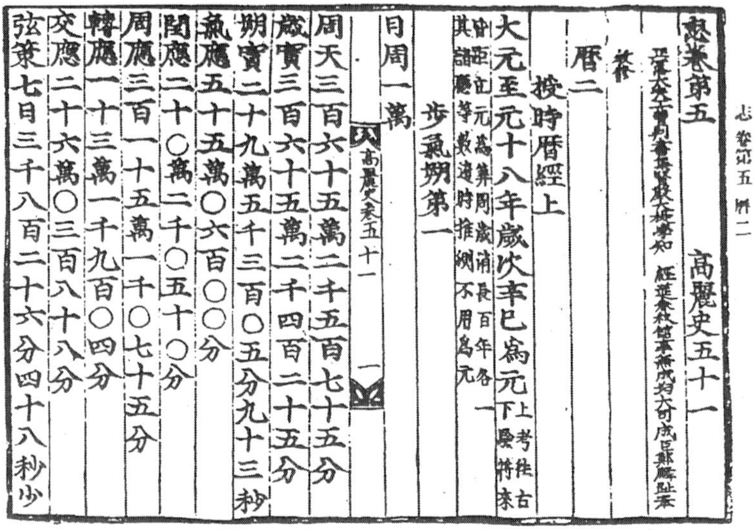
志卷第五　高麗史五十一
正憲大夫工曹判書集賢殿大提學知經筵春秋館事兼成均大司成臣鄭麟趾奉
敎修
曆二
授時曆經上
大元至元十八年歲次辛巳爲元 上考往古下驗將來
皆距立元爲算周歲消長百年各一
其諸應等數隨時推測不用爲元
步氣朔第一
日周一萬
高麗史卷五十一　一
周天三百六十五萬二千五百七十五分
歲實三百六十五萬二千四百二十五分
朔實二十九萬五千三百〇五分九十三秒
氣應五十五萬〇六百〇〇分
閏應二十〇萬二千〇五十〇分
周應三百一十五萬一千〇七十五分
轉應一十三萬一千九百〇四分
交應二十六萬〇三百八十八分
弦策七日三千八百二十六分四十八秒少
志卷第五 曆二

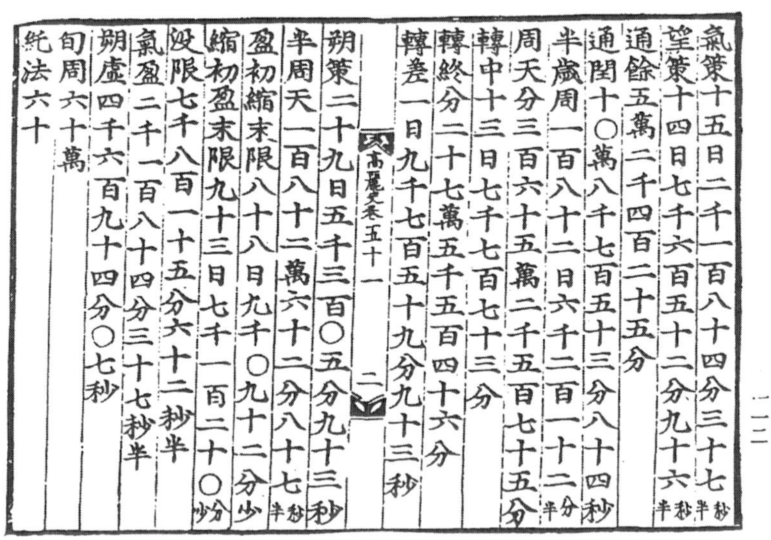
氣策十五日二千一百八十四分三十七秒半
望策十四日七千六百五十二分九十六秒半
通餘五萬二千四百二十五分
通閏十〇萬八千七百五十三分八十四秒
半歲周一百八十二日六千二百一十二分半
周天分三百六十五萬二千五百七十五分
轉中十三日七千七百七十三分
轉終分二十七萬五千五百四十六分
轉差一日九千七百五十九分九十三秒
高麗史卷五十一　二
朔策二十九日五千三百〇五分九十三秒
半周天一百八十二萬六千二百八十七分半
盈初縮末限八十八日九千〇九十二分少
縮初盈末限九十三日七千一百二十〇分少
朓限七千八百一十五分六十二秒半
氣盈二千一百八十四分三十七秒半
朔虛四千六百九十四分〇七秒
旬周六十萬
紀法六十
一一二

그림 6-2.『고려사』역지二에 있는 『수시력』

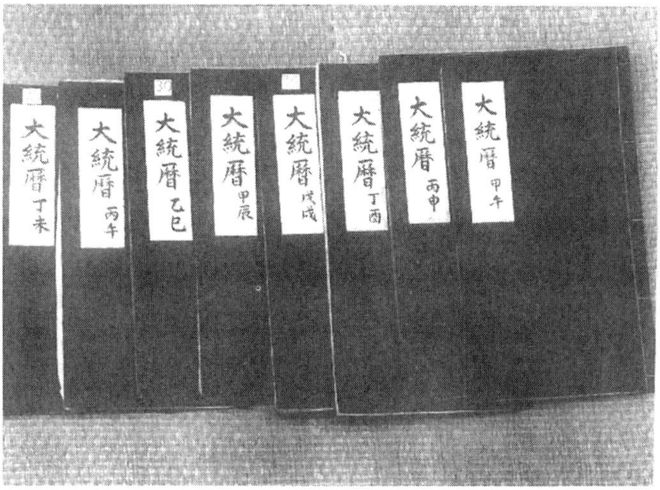

그림 6-3. 『대통력(大統曆)』 8책. 안동시 하회마을에 있는 유성룡(柳成龍)의 고택에 있다.

강보는 『수시력』을 열심히 연구한 끝에 계산하는 데 필요한 여러 가지 수치를 모은 표를 충목왕 2년(1346)에 만들었다. 이것을 『수시력첩법입성(授時曆捷法立成)』이라고 한다. 이 입성은 부록으로 유두승법(留頭乘法), 비귀제법(飛歸除法), 인법(因法), 가법(加法), 반법(半法) 등의 산법을 수록하고 있다.

(3) **대통력(大統曆)**: 원나라가 망하고 명나라가 중원을 통일하면서 『수시력』은 『대통력』으로 개력되었다. 그러나 이 『대통력』은 『수시력』처럼 획기적인 것이 아니라 『수시력』의 천문상수 중 일부와 역원(曆元)을 지원 18년에서 홍무 17년(1384)으로 옮기는 등 외에 약간의 수정을 가한 데 불과한 것이다.

조선 초기의 서운관은 『수시력』과 『대통력』을 함께 사용하여 그 해의 역을 계산하고 역서를 만들었다. 그 증거가 지금도 남아 있다. 경북 안동시 풍산면에 있는 유성룡(柳成龍)의 고택에 전시되어 있는 8책의 『대통력서』가 그것이다(그림 6-3 참조). 이 역서는 중국에서 출판된 것이 아니라 선조 27년(1594)~40년(1607) 간 관상감에서 1년에 1책씩 출판한 것이다.

3. 조선 시대의 역과 역서

조선이 개국된 후 세종 때에 와서야 수시력법책에 일월(日月)의 교식표(交食表)와 5행성의 운행도수표가 없음을 알고 정인지(鄭麟趾), 정초(鄭招), 정흠지(鄭欽之) 등에게 명하여 계산하도록 하였다. 중국에서 구입하거나 보내 오는 역법서만으로는 완전한 역 계산이 어렵다는 사실을 깨닫기 시작한 것이다.

3-1. 『수시력』에서 『칠정산내편』으로

지금부터 약 600년 전 세종대왕이 아니었더라면 한국은 역사상 역법을 개발하지 못한 민족으로 남을 뻔했다. 중국에서 오는 역법서들은 오랜 전통과 우수한 학자들의 연구로 이루어진 산물이기는 하지만 황해를 건너오거나 요동을 거쳐서 가고 오는 긴 여정이었기 때문에 두 나라의 학자들이 서로의 의문을 풀기 위한 토론이 쉽지 않았을 것이다. 그 시대의 교통 사정으로는 너무나 비용이 많이 들고 긴 여행이 필요했다.

그러나 역계산과 같은 일은 지금처럼 아무나 할 수 있는 시대가 아니었다. 산법에 능하고 학식이 있는 인력과 계산 결과를 측험할 수 있는 정밀한 관측 기기가 겸비되어 있어야 가능하기 때문이다. 그것이 조선에 와서 세종대에 이루어진 것이다.

세종 15년(1433) 경복궁 경회루 주위에 간의대를 건설하고 혼천의와 자격루를 완성한 세종은 정인지, 정초, 정흠지 등에게 명하여 『대통통궤(大統通軌)』에 있는 오류를 고쳐서 합하여 '내편'을 만들도록 명하였다. 이렇게 하여 만든 것이 『칠정산내편(七政算內篇)』인데, 이 『칠정산내편』이 완성된 것은 세종 24년(1442)이었고 책으로 간행된 것은 세종 26년(1444)이었다(그림 6-4 참조). 이 내편은 『수시력』과 마찬가지로 지원 18년(1281) 신사년을 역원(曆元, 起算點)으로 삼고, 위로 지난 옛날을 상고할 때에는 100년마다 주천(周天)을 1초씩 줄이고 세실(歲實, 1년의 길이에 해당하는 실제 도수)을 1분씩 늘렸다. 그리고 아래로 장래를 계산할 때는 100년마다 주천을 1초씩 늘리고 세실을 1분씩 줄였다. 또한 한양에서의 일출과 일몰, 그리고 밤과 낮의 시간을 계산하여 쓸 수 있게 하였다.

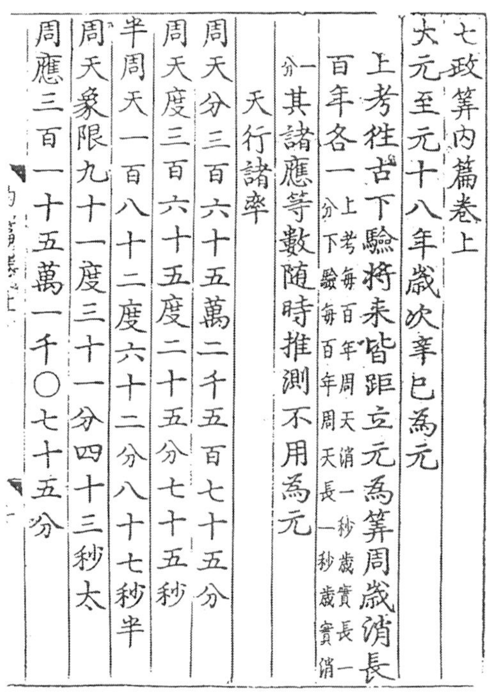
七政筭內篇卷上
大元至元十八年歲次辛巳爲元
上考往古下驗將來皆距立元爲筭周歲消長
百年各一 上考每百年周天消一秒歲實長一分下驗每百年周天長一秒歲實消一分
其諸應等數隨時推測不用爲元
天行諸率
周天分三百六十五萬二千五百七十五分
周天度三百六十五度二十五分七十五秒
半周天一百八十二度六十二分八十七秒半
周天象限九十一度三十一分四十三秒太
周應三百一十五萬一千〇七十五分

그림 6-4. 『칠정산내편』

이 때부터 중국에서 받는 역서는 참고 자료로 쓸 뿐 자체적으로 적기에 맞춰 다음 해의 역서 편찬에 만전을 기할 수 있게 되었다. 그리고 매년 쓸 수 있는 그 해의 책력(冊曆)을 출판하여 배포하였을 것이다. 그런데 앞에 이미 소개한 선조 때의 『대통력서』 8책은 그 존재가 확인되어 있지만(그림 6-3 참조) 불행하게도 내편법에 의한 책력은 아직 찾지 못하고 있다.

한편 『칠정산내편 정묘년교식가령(七政算內篇丁卯年交食假令)』이라는 책이 있다. 현재 규장각에 수장되어 있는 이 책은 활자본으로 1권 1책이다. 이 책의 해제를 쓴 유경로[14]에 의하면 '가령(假令)'이라는 것은 어떤 해에 해당하는 수치를 역법에 의해서 실제로 계산한 결과를 말하는 것인데, 일종의 계산 예에 해당한다. 따라서, 이 『칠정산내편 정묘년교식가령』은 칠정산내편법에 따라 세종 29년(1447) 8월의 일식과 월식을 예보하기 위한 계산서이다.

그렇다면 이 계산법에 의한 예보는 어느 정도 적중하였을까? 이것을 알아 내려면 그 당시의 관측 기록을 점검하든지 아니면 역으로 거슬러 올라가는 계산을 해 보면 된다. 그런데 불행하게도 그 때의 일식단자는 남아 있지 않고 또한 역산하는 수고를 한 사람은 아직 나타나지 않는다. 이은희[15]가 그의 학위 논문에 『칠정산내편 정묘년교식가령』과 『교식추보법』[16]을 가지고 계산해 본 것은 드물게 보는 좋은 성과이나 아직도 고증해야 할 과제는 많이 남아 있다.

---

14) 兪景老, 『韓國科學技術史資料大系』 天文學篇(3), 驪江出版社, 1981.

15) 이은희, 『칠정산내편의 연구』, 연세대학교 대학원 박사학위 논문, 1996, pp. 231-242.

16) 李純之 · 金石梯, 『交食推步法』, 1458.

3-2. 세종대왕의 역법 창제의 의욕 – 『칠정산외편』이 나오기까지

중국은 『대통력』이라는 이름의 새 역법을 만들기는 했지만 그 근본은 원나라 때의 『수시력』이었다. 그러나 어쨌든 간에 이로써 중국의 역법은 일단 완성을 보게 된 것이다. 그런데 중국은 서역(주로 아라비아 등지)의 또 다른 세계의 과학과 접하게 되면서 새 지식을 참고하지 않을 수 없는 처지를 맞았다. 그것은 소아시아의 한 지방인 룸(Rum, 중국은 魯密이라고 부른다)에서 온 마샤이헤이(Mashayihei, 중국 이름은 馬沙亦黑)와 그의 가족의 중국에서의 활동에 의한 때문이었다. 그리고 이들의 활동이 있으므로 인해서 세종의 『칠정산외편』이 탄생한 것이다. 이들의 활동을 간단히 소개한 진구금(陳久金, Chen Jiu-jin)이 쓴 글의 내용을 정리하면 대략 다음과 같다.[17] 즉 마샤이헤이가 아버지와 두 남동생과 함께 명나라 남경에 온 것은 명의 태조 2년(1369)이었고, 명의 성조 때까지 살았다. 그들은 처음에는 남경에 있던 흠천감(欽天監)에서 일하면서 『회회력(回回曆)』과 천문학 책을 번역하기도 하고 저술하기도 했지만, 남경에서 북경으로 천도할 때는 성조를 따라 북경으로 옮겼다. 『회회력』을 편집하는 동안 마샤이헤이는 그 당시로는 가장 앞선 방식의 천문 관측을 하여 유명했지만, 이 중 일부는 그의 아버지가 한 것도 포함되어 있다. 『회회력』에는 두 가지 입성표가 있다. 곧 『경위가감입성(經緯加減入成)』과 『서역주야시입성(西域晝夜時入成)』이다. 진구금이 이 두 입성의 자료를 분석해 본 결과 자료는 북위 32도와 32도 4분 사이에 해당하는 지역에서 만든 것임을 알아 내고 이 자료들은 그들이 남경에서 관측한 것이라고 결론지었다. 그런데 이 위도에 의한 자료들은 북

---

17) Chen Jiu-jin, "Comparative research between the Huihui calendar, Chiljongsan Oepion and Qizheng Tuibu", *Oriental Astronomy from Guo Shoujing to King Sejong*, Yonsei University Press, 1997, pp. 105-111.

경의 위도로 수정되지 않은 채 그 후 한국과 북경에서 그대로 사용하였다. 이 결과는 바로 이 두 입성표의 근원을 모른 채 중국과 한국에서 잘못 사용하여 왔다는 견해이다.[18)]

이상과 같은 진구금이 밝힌 새로운 사실대로 마샤이헤이가 편찬한 『회회력』은 명나라의 흠천감과 세종 때의 서운관에 지대한 영향을 미쳤다. 그 결과로 들 수 있는 것이 조선의 『칠정산외편(七政算外篇)』과 명

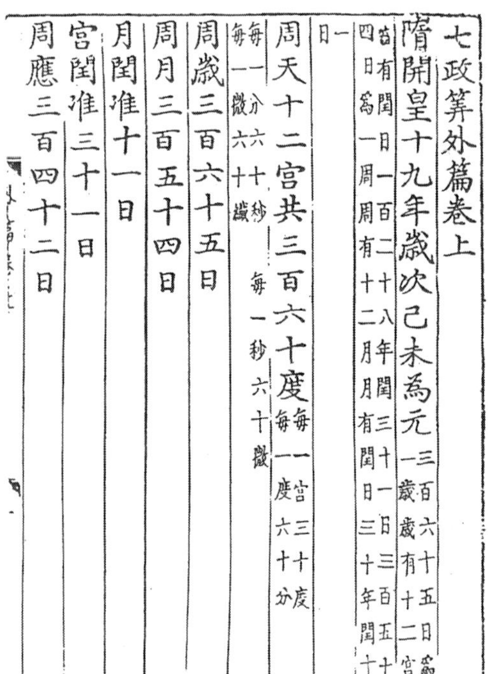
七政算外篇卷上
隋開皇十九年歲次己未爲元(三百六十五日爲一歲歲有十二宮宮有閏日一百二十八年閏三十一日三百五十四日爲一周周有十二月月有閏日三十年閏十一日)
周天十二宮共三百六十度(每宮三十度每一度六十分每一分六十秒每一秒六十微每一微六十纖)
周歲三百六十五日
周月三百五十四日
月閏準十一日
宮閏準三十一日
周應三百四十二日

그림 6-5. 『칠정산외편』

18) 앞으로 『七政算外篇』을 연구하려는 학자는 진구금이 밝힌 이 점을 검증할 필요가 있다.

나라의 『칠정추보(七政推步)』의 출현이다. 『증보문헌비고』 상위고에는 세종 15년(1433)에 세종이 예문관 제학인 정인지 등에게 명하여 『칠정산내편 · 외편』을 짓게 하였다는 기록이 있다. 그리고 뒤이어 회회력법을 얻어서 이순지(李純之)와 김담(金淡) 등에게 명하여 고교(考校)하여 『외편』을 만들게 하였다고 한다. 이 때가 세종 14년(1432)이었고 완성은 세종 24년(1442)이었으니 실로 10년이나 걸린 각고의 노력으로 얻은 작품이다.

한편 『회회력』의 명역본(明譯本)을 만든 명의 흠천감은 성화(成化) 13년(1477)에야 패림(貝琳, Bei Lin)으로 인하여 『칠정추보』라는 역법을 개발하였다. 이 때 패림은 『칠정산외편』을 참고하였다고 진구금은 말하고 있다. 『칠정산외편』이 『칠정추보』보다 35년이나 앞섰다는 사실은 세종의 역 편찬에 대한 열의가 얼마나 강열한 것이었던가 하는 한 단면을 보여 주는 것이라 하겠다(그림 6-5 참조).

『회회력』의 근본은 1주천(周天)을 12궁으로 하여 모두 360도로 한다. 그러므로 1궁은 30도씩이며 1도는 60분, 1분은 60초, 1초는 60미(微), 1미는 60섬(纖)으로 정한다. 그 전까지 사용해 온 1주천은 365 1/4도였는데, 이 값은 1년의 날수와 똑같게 한 것이다. 365 1/4에서 5 1/4을 빼버린 나머지 360도로 1주천을 정한 것은 계산을 훨씬 쉽게 할 수 있는 아랍 사람들의 지혜였다. 하늘에 있는 별들을 나누는 데 있어서도 종래의 방법과는 크게 다르다. 크기가 제각각인 28개의 수(宿) 대신에 『회회력』은 12궁으로 하늘을 등분하였다. 그러니까 1궁이 차지하는 각도는 30도씩으로 각 궁이 같다. 『회회력』의 또 다른 장점은 윤달을 쓰지 않는다는 것이다. 그 대신 1세(歲)를 365일로 하고, 이 1세를 12궁으로 한다. 궁에 윤일(閏日)을 두는데 128년 동안 31번을 둔다. 또한 태음력이 정하는 1주(周)를 12월로 하고 30년 만에 윤일을 11번을 둔다. 이 두 가지 윤일로 인해서 1941개년을 한 주기로 궁, 월, 일이 다시 제자리에 돌아온다.

이 획기적인 『회회력』에 기초를 둔 『칠정산외편』에도 교식가령이 남아 있다. 그것은 활자본으로 2권 2책으로 된 『칠정산외편 정묘년교식가령(七政算外篇丁卯年交食假令)』이다. 공교롭게도 앞에 이미 소개한 『칠정산내편 정묘년교식가령(七政算內篇丁卯年交食假令)』과 함께 똑같은 정묘년의 교식을 계산한 것이므로 두 계산법을 현대 방식으로 계산하여 비교해 볼 가치가 있는 책이다.

3-3. 각종 역서

이제 정부와 민간이 다 함께 사용한 그 해 그 해의 역서(Calendars)를 소개해 보자. 이런 역서는 '역시책' 또는 '책력(冊曆)'으로 불리나, 시헌력, 시헌서 또는 명시력 등의 이름으로 출판된 것들이다. 시헌력과 시헌서는 이름이 서로 다르지만 그 내용의 짜임새와 분량, 그리고 형식은 서로 꼭 같다. 다만 명시력은 태양력일과 요일이 더 추가된 책력이다.

『천세력(千歲曆)』 또는 『만세력(萬歲曆)』이라는 역서도 있다. 이것은 책력과는 달리 해당하는 연도의 역일(曆日)은 월별로만 제시하는 간단한 내용이지만 발행한 때로부터 100년 이상 사용할 수 있는 독특한 역서이다.

(1) **시헌서(時憲書)**: 이 책력(冊曆)은 1년에 한 번씩 발간한 역서인데 1년에 1책씩 발행되기 때문에 연력(年曆)이라고도 불리나 책력으로 더 널리 사용된다. 이 『시헌서』는 광무 2년(1898)에 『명시력』으로 바뀔 때까지 발행되었다.

이 역서의 편집 내용은 대체로 중국에서 발간한 것을 모방하고 있다. 조선의 『시헌서』의 내용을 보면, 첫장 첫줄에 《대청연호와 연도 세차간지 시헌서》이 큰 활자로 있고, 그 옆으로 《正月》, 《二月》, ……, 《十二月》, 그리고 마지막 줄에 그 해의 총 날짜 수를 적고 있는데, 예를 들면

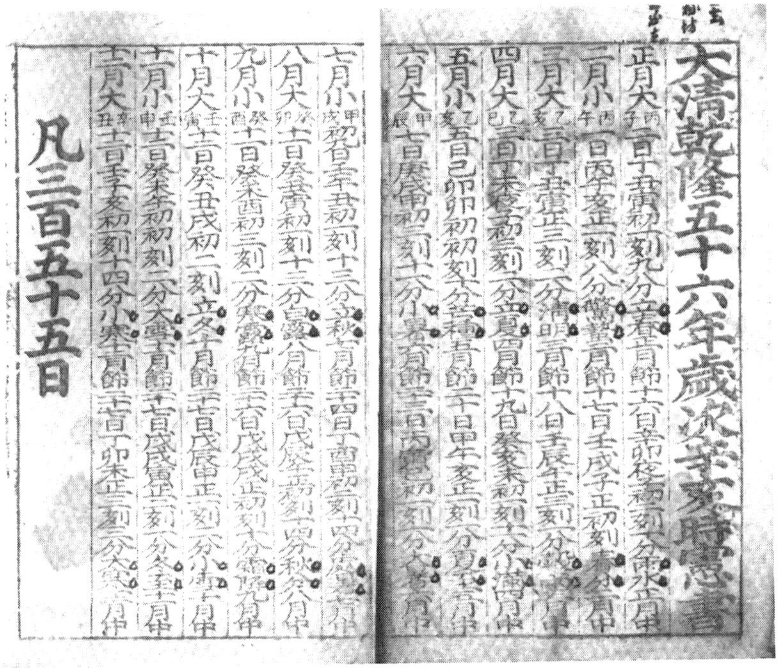
大淸乾隆五十六年歲次辛亥時憲書

凡三百五十五日

그림 6-6. 정조 15년(1791)에 간행한 『大淸乾隆五十六年歲次辛亥時憲書』

'凡三百五十五日' 과 같은 것이다.

둘째 장에는 《年神方位之圖》가 있고, 셋째 장부터 열넷째 장까지는 시헌력법에 따라 계산한 역일을 태음력으로 배열하였다. 하루를 한 줄에 압축하여 한 달의 역일은 1장 안에 전부 들어가게 하였다.

마지막 장인 열다섯째 장에는 길일(吉日)과 점술에 필요한 정보가 있고, 그 책력 발간에 관여한 관상감 관원의 직위와 이름이 수록되어 있다.

(2) **명시력(明時曆)**: 이 책력은 근본적으로 내용, 배치, 책의 크기까지도 위의 『시헌력』과 동일하나 한 가지 중요한 자료가 첨가되어 있다. 그것은 셋째 장부터 열넷째 장까지 시헌력법에 따라 계산한 역일 밑에 태양력의 역일이 있고 그 밑에 서양에서 사용하는 요일(曜日)이 적혀

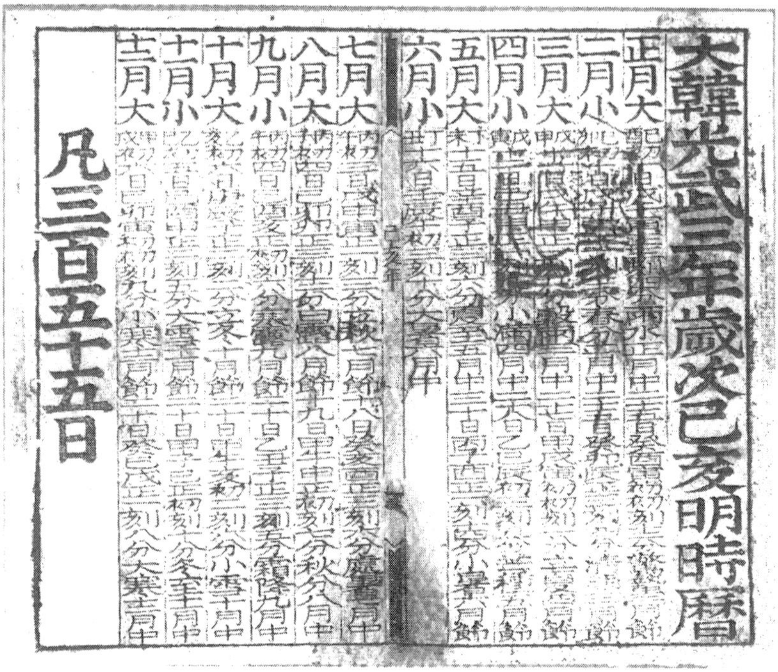

大韓光武三年歲次己亥明時曆

正月大
二月小
三月大
四月小
五月大
六月小
七月大
八月大
九月小
十月大
十一月小
十二月大

凡三百五十五日

그림 6-7. 대한광무 3년(1899)에 간행한『大韓光武三年歲次己亥明時曆』

있는 것이다. 요일은 중국식인 성기일(星期日, Sunday), 성기일(星期一, Monday), 성기이(星期二, Tuesday), 성기삼(星期三, Wednesday), 성기사(星期四, Thursday), 성기오(星期五, Friday), 성기육(星期六, Saturday)으로 하지 않고 일본의 영향을 받은 탓인지는 몰라도 日, 月, 火, 水, 木, 金, 土를 채택하고 있다. 그러나 이 당시의 중국력에 이미 명시된《西曆ㅁㅁㅁㅁ年》이라는 연도는 아직 그 의미가 인식되지 못한 때였기 때문인지 기록되어 있지 않다. 명시력이 시작되기 3년 전인 고종 32년(1895)부터 책력의 발행처는 觀象監이 아니라 觀象所이며, 觀象所長은 從二品인 이돈수(李敦修)가 한일합방이 되던 때까지 이 직책에 있었다.

(3) **천세력(千歲曆)**: 정조 원년 임인년(1777)에 정조가 관상감에 명하

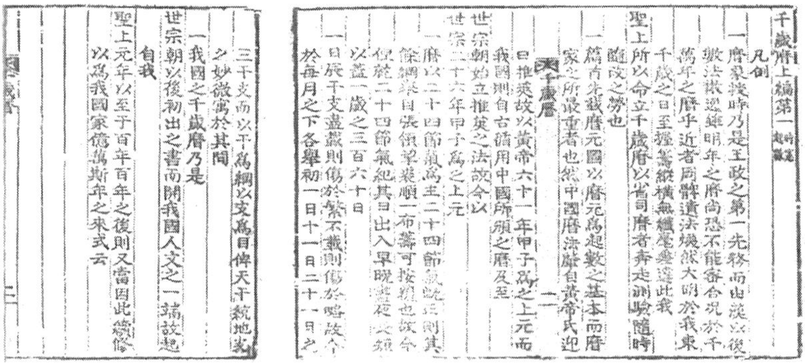

그림 6-8. 관상감이 간행한 『千歲曆』의 범례(凡例)

여 한 권의 책으로 100년 정도 계속해서 쓸 수 있도록 만든 책력(冊曆)이다. 그것은 종이를 생산하는 노력과 인쇄 반포하는 데 드는 모든 비용을 대폭 절감하는 결과를 가져왔다. 매번 새 책이 출판될 때는 100년 이상 쓸 수 있도록 당저(當宁; 그 당시의 임금) 연도를 100년 이상 여유를 두고 있다. 그럼에도 불구하고, 정조 원년 다음 『천세력』은 24년 뒤인 순조 1년(1801)에 발간되었다. 이로 미루어 보면 적당하다고 평가되는 시기가 되면 100년을 기다리지 않고 새 『천세력』을 출판한 것 같다.

지금까지 발간된 『천세력』은 후에 『만세력(萬歲曆)』으로 이름을 바꾼 것까지 합해서 전부 5책이 알려져 있다.

千歲曆(正祖元年丁酉, 1777年)
千歲曆(純祖元年辛酉, 1801年) 當宁 130年(1930)
千歲曆(哲宗元年庚戌, 1850年) 當宁 110年(1959)
千歲曆(高宗元年甲子, 1864年) 當宁 100年(1963)
萬歲曆(光武八年, 1904年 高宗元年甲子, 1864年)

4. 일제 강점기의 역서

역사적으로 보면 변방의 나라에는 천문대를 짓지 못하도록 하는데 가장 엄했던 명나라 초기에도 세종대왕은 간의대를 짓고 독자적인 천문 관측을 통해서 역서를 발간했었다. 제후의 나라에서는 하늘을 관찰한다는 행위가 곧 황제의 권위에 도전하는 일이었기 때문에 조선에서 천문 관측을 하는 것을 몹시 못마땅하게 생각했던 시대였다. 이런 시대도 극복했던 조선이 1910년 한일합방으로 외교권 박탈이나 무장 해제 등으로 상징되는 국권을 상실할 때, 그 상징성이 가장 컸던 관상감의 해체와 이에 따른 역서 발행이 중단되고 말았다.

4-1. 조선총독부가 발행한 책력

조선민력(朝鮮民曆): 일본의 조선총독부는 하늘을 관찰하는 일과 역서를 발행하는 일을 중단시킴과 동시에 1911년부터 조선총독부편제 『조선민력(朝鮮民曆)』이라는 이름의 역서를 1945년까지 매년 발행했다. 그 때까지 사용해 오던 종이는 이 때부터 한지 대신에 양지로 바뀌었다. 책력의 내용은 겉표지 안쪽은 《월표(月表)》, 《일월식(日月食)》, 《일요표(日曜表)》가 있고, 첫장의 제1면에 《음력세차년월표 급 절후표》, 제2면부터 양력 달력이 24절기별로 잘 정리되어 있다. 그리고 마지막 면에 《연신방위도(年神方位圖)》와 《가취주당도(嫁娶周堂圖》가 있어서 당시의 민심을 고려한 흔적이 보인다.

이 『조선민력』은 해를 거듭함에 따라 역서만이 아니라 시민들의 일상생활에 필요한 여러 가지 정보, 즉 《나이 대조표》, 《각지의 기후》, 《수도편람(水稻便覽)》, 《통신요금표》 등이 보충되었다.

한 가지 재미있는 사실은 1932년의 책력의 뒷표지에 《앙부일귀》의 시

그림 6-9. 조선총독부가 간행한 『조선민력(朝鮮民曆)』. 대정 15년(1926)부터 표지가 붉은 문양으로 장식됨.

반(時盤)이 그려져 있는데, 이 그림은 그들이 전쟁에 패망하여 총독부가 해체된 1945년까지 존속했다. 다만 1937년부터 이름을 바꾼 『소화십이년략력(昭和十二年略曆)』과 그 후 4개년의 책력에는 표지 그림을 전부 삭제했었다. 그리고 1942년의 『약력』부터 《앙부일귀》 시반의 그림을 다시 등장시켰다.

약력(略曆): 조선총독부는 주변의 국제 정세가 급변하던 시기인 1937년에 그 때까지 발행하던 『조선민력』을 『약력(略曆)』이라고 이름을 바꾸고 내용도 대폭 확장하였다. 가장 눈길을 끄는 것은 한글과 일본 글자인 '가다가나'를 같이 쓰고 있는 점이다. 조선에 와 있던 일본인들도 이 책력을 사용했기 때문인지 아니면 조선인들에게 일본 글자를 가르치는 방법으로 필요했기 때문인지는 알 길이 없으나 흥미 있는 일이다. 확충된 내용은 농업, 수산업, 임업, 교통 등을 포함하여 일상 생활에 필요한 정보를 잘 정리한 것이다. 뿐만 아니라 기록된 내용도 과학적 가치가 높

그림 6-10. 조선총독부가 간행한 『昭和十七年 略曆(1942)』. 이 책력이 제때에 사용되려면, 인쇄는 1941년 10월이나 11월 전에 되어야 한다. 그런데 이 때는 일본이 태평양전쟁을 선포한 1941년 12월 8일보다 불과 1, 2개월 전에 해당한다. 한글과 말조차도 말살하려고 광분하던 이 시기에 조선총독부가 편제한 책력의 표지 뒷면에 앙부일귀가 그려져 있다는 사실은 도무지 이해가 가지 않는 일이다.

다. 예컨대 24절기 칸에는 춘추분과 동하지의 날짜만을 적은 것이 아니라 정확한 시각까지도 명기하였다. 1937년도 책력인 『소화십이년략력(昭和十二年略曆)』의 제29쪽을 보면

춘분 3월 21일 오전 9시 45분
추분 9월 23일 오후 8시 13분
하지 6월 22일 오전 5시 12분
동지 12월 22일 오후 8시 22분

라고 명기된 것이 있다. 이렇게 시각까지 밝혀 둠으로써 중국에서 발간

되는 책력과 비교했을 때 혹 날짜가 하루 차이 나는 이치를 사용자가 알 수 있도록 배려한 결과라고 생각된다. 대단히 과학적으로 잘 편집된 역서로 평가된다.

5. 부활한 역서 발간

5-1. 이원철과 국립중앙관상대 역서

시대마다 이슈가 되는 과학이 있게 마련이다. 그리고 사회가 발전하면 할수록 그 사회의 과학도 다양해진다. 그런데 해방을 맞은 한국 사회는 어떠했었던가. '현대과학' 이란 용어가 극소수의 지식인 사이가 아니면 듣기 어려운 낱말이던 시대였다. 이런 시대였으니 과학다운 과학은 어디에도 없었고, 있었다면 그 곳은 국립중앙관상대일 뿐이었다. 중앙관상대는 지금의 기상청이 시작될 때의 이름이다. 여기서 행해진 과학은 기상 정보를 얻어서 일기 예보를 하는 일과 1년에 한 번씩 책력을 발행하는 일이었다.

일본인들이 독차지하던 역일 계산과 책력 편찬을 재개한 사람은 초대 관상대장이었던 이원철이었다. 그런데 놀랍게도 그가 부딪친 의외의 일은 음력의 부활이었다. 태양력을 정식으로 채택한 것은 고종 33년(1896)이었으므로 한일합방보다 14년 전의 일이다. 그럼에도 불구하고 당시의 사람들은 일본의 영향으로 할 수 없이 음력을 버리게 된 것으로 잘못 알고 있었고, 또 24절기가 음력으로만 계산되는 것이라고 알고 있었다.

해방과 더불어 그 동안 금지되어 오던 음력 민간력(民間曆)이 여기저기서 출판되었다. 그리고 사람들은 음력이야말로 우리 고유의 역이며, 농사철을 알아 내는 데 꼭 필요한 역이라고 맹목적이었다. 음력으로 일상 생활을 택일하는 일은 마치 일제에 항거하거나 분풀이를 하는 행위로

까지 비약했다. 이런 시대 조류의 변화로 인하여 이원철은 어디를 가나 또 누구를 만나게 되던지 화젯거리와 토론 주제 중 하나는 음력이 과학적인가 하는 것이었다. 1949년 10월에 쓴 그의 글에는 다음과 같은 구절이 있다.

> 해방 이래로 민간 출판업자들이 역서를 간행함에 있어서 대개가 「천세력」을 그대로 옮김으로써 삭현망(朔弦望)과 24절기의 시각에 심한 착오를 하고 있다. 그 한 예로, 기축년(1949) 음력은 2월이 대(大)이고 3월이 소(小)이거늘, 민력에는 이와 반대로 되어 있다. …… 중앙정부가 발행하는 정확한 역서에만 의존하여 현혹됨이 없기를 바란다.

이 글이 나온 지 얼마 되지 않아서 6 · 25 전쟁이 일어났다. 정부는 부

그림 6-11. 국립중앙관상대가 1946년에 간행한(1947년도) 歲次丁亥曆書의 표지와 이원철의 머리말[編首言]

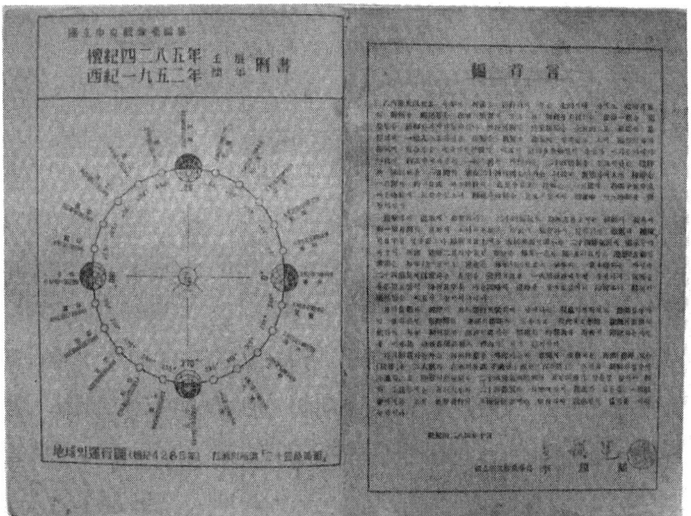

그림 6-12. 6·25 전쟁 때 부산으로 옮겨 간 중앙관상대에서 이원철 박사가 1951년 10월에 쓴 歲次已丑曆書(1952)의 편수언(編首言)과 24절기를 설명한 지구의 운행도

산으로 옮기고 중앙관상대도 함께 옮겨 갔다. 1951년을 위한 역서는 이 와중에 출판되지 못했을 것이다. 그런데 임시 수도 부산에서 「1952년도 역서」를 위해 1951년 10월에 쓴 이원철의 「머리말」에는 더욱 심각한 그의 심경이 담겨 있다.

> 을유 해방 이래로 년년히 역서를 간행하기를 7회나 되나, 아직도 음력월일의 대조를 부기함은 재래의 관습에 젖고 또 역리(曆理)를 알지 못하는 농가들을 위함임을 양해하기 바란다. 역리에 대한 계몽운동을 전국적으로 철저히 시행하여 일반인으로 하여금 음력은 실로 절기에 맞지 않고 오직 양력이라야 부합함을 깨닫게 한 연후에 비로소 음력을 전폐함이 옳을까 여기는 바이다.

그의 노력은 그가 관사대장으로서 마지막 역서인 『1961년도 역서』에도 계속된다.

> 무지몽매한 점장이들에게 사주나 관상 또는 궁합을 물어 화복에 대한 요행을 꿈꾸며 이사나 토역 또는 혼상에 있어서 길흉화복을 가린다고 허망한 요언에 맹종함은 문명인으로서 이 얼마나 수치스러운 처사인가.

그의 계몽 운동은 실패로 끝났는가. 그가 가신 지 40년이 가까워지는데, 지금은 그의 시기보다 오히려 더 많은 갖가지 미신이 성행하고 있다. 일본 사람처럼 깨끗하게 음력을 버리지는 않는다 하더라도 '음력'이 과학적이라느니 하는 소모적인 이야기만은 없어져야 할 것이다.

5-2. 계속되는 역서의 변천

이원철 이후의 역서 발간은 대단히 복잡하게 이어졌다. 발행하는 기관이 2, 3년이 멀다 하고 그 명칭과 조직이 바뀌었기 때문이다. 관상대가 기상대와 천문대로 분리되면서 책력의 발간은 천문대의 업무로 되었으나 천문대가 정부 출연 연구소로 구조 변경이 되면서 그 연구소의 소속과 명칭도 일일이 열거하기 어려울 정도로 바뀌었다. 이런 와중에 표지에 쓰인 책력의 이름도 대충 다음과 같이 변했다.

歲次曆書(檀紀4279年, 西紀1946年)

서기 1964년 역서

曆書 1981

역서 1983

역서 2000

그림 6-13. 한국천문연구원이 간행한 2000년도 역서

여기에 보인 마지막 책력인 『역서 2000』은 정부 출연 연구소의 부속 기관으로서 전전하다가 국무총리실 직속 기관으로 확대 독립된 '한국천문연구원'이 1999년에 인쇄한 의미 있는 책력이다. 이 책력은 천문대의 조직이 개편된 것을 기념하는 새 책력일 뿐 아니라 지금까지와는 현저하게 다른 풍부한 내용으로 비약한 일국의 대표적 역서로서 높이 평가받을 수 있는 것이다.

찾아보기

ㄹ

ㅁ

ㅂ

ㅇ

ㅊ

나일성(羅逸星)

연세대학교 물리학과 졸업
연세대학교 대학원 물리학(이학석사)
미국 펜실베이니아 대학 천문학(이학박사)
연세대학교 교수
경북 예천에서 나일성천문관을 운영
현재 연세대학교 명예교수

저서: 『星圖 — 하늘과 별의 세계』, 『핼리 혜성』, 『새 天文學』, *New Frontiers in Binary Star Research*, *Oriental Astronomy From Guo Shoujing To King Sejong*, *The Atlas of O-C Diagrams of Eclipsing Binary Stars* 등

한국의 탐구

한국천문학사

초판 제1쇄 발행 2000년 10월 5일
초판 제5쇄 발행 2021년 2월 25일

지은이 나일성
펴낸이 오세정
펴낸곳 서울대학교출판문화원

출판등록 제15-3호

주소 08826 서울 관악구 관악로 1
대표전화 02-880-5252 팩스 02-889-0785
도서주문 02- 889-4424, 02-880-7995
이메일 snubook@snu.ac.kr
홈페이지 www.snupress.com

ISBN 978-89-521-3042-6 93440

한국의 탐구

1. 퇴계의 삶과 철학
금장태
2. 한국의 석조미술
정영호
3. 실학의 국가 개혁론
김태영
4. 한국의 샤머니즘
조흥윤
5. 한국유학의 탐구
금장태
6. 한국의 목조건축
주남철
7. 북한의 언어 문화
고영근
8. 조선시대 건축의 이해
김동욱
9. 한국고대의 금속공예
이난영
10. 韓國의 譯學
강신항
11. 한국의 원형신화 원앙부인 본풀이
조흥윤
12. 재외동포
이광규
13. 이율곡, 그 삶의 모습
황준연
14. 김소월, 그 삶과 문학
오세영
15. 한국천문학사
나일성
16. 한국의 선비와 선비정신
금장태
17. 한국인의 죽음관
이은봉
18. 서포 김만중의 생애와 문학
김병국
19. 춘향전의 비밀
설성경
20. 신라 화엄사상사연구
김두진
21. 장영실과 자격루
—조선시대 시간측정 역사복원
남문현
22. 구한말의 개혁, 독립투사 서재필
이정식
23. 한국어의 의성어와 의태어
채 완
24. 보부상
—근대화 격변기의 상인
조재곤
25. 한국의 성씨와 족보
이수건
26. 조선시대 도자기
김영원
27. 홍길동전의 비밀
설성경
28. 이익사상의 구조와 사회개혁론
김용걸
29. 근대도시 목포의 역사·공간·문화
고석규
30. 고구려 고분벽화의 세계
전호태
31. 삼국사기의 현대적 이해
정구복
32. 한국어의 부사
서정수
33. 한국어 문법
이익섭
34. 조선시대 궁중의 식생활문화
한복진
35. 여운형
—사상을 초월한 융화주의자
이정식